U0270604

兔场防疫消毒技术图解

主　编

孙懿云

副主编

纪爱英　　穆晓旭　　靳玲品

编著者

孙懿云　　纪爱英　　穆晓旭

靳玲品　　黄丽华　　孙嘉临

李　楠　　刘　泽　　曹建锋

马红霞

金盾出版社

内容提要

本书采用图片加文字说明的形式,对兔场选址、布局,环境控制设施,饲养管理,兔场消毒技术,兔免疫接种技术,废弃物处理,疾病诊断和处理等方面进行了详细介绍,倡导"治未病""防重于治"的理念,技术实用,指导性强,适合兔养殖场(户)技术人员和基层农技推广人员阅读参考。

图书在版编目(CIP)数据

兔场防疫消毒技术图解/孙慈云主编 . —北京:金盾出版社,2015.2

ISBN 978-7-5082-9619-7

Ⅰ.①兔… Ⅱ.①孙… Ⅲ.①兔—养殖场—防疫—图解②兔—养殖场—消毒—图解 Ⅳ.①S858.291-64

中国版本图书馆 CIP 数据核字(2014)第 178013 号

金盾出版社出版、总发行
北京太平路 5 号(地铁万寿路站往南)
邮政编码:100036 电话:68214039 83219215
传真:68276683 网址:www.jdcbs.cn
封面印刷:北京精美彩色印刷有限公司
正文印刷:北京万博诚印刷有限公司
装订:北京万博诚印刷有限公司
各地新华书店经销
开本:850×1168 1/32 印张:4.25 字数:108 千字
2015 年 2 月第 1 版第 1 次印刷
印数:1~4 000 册 定价:12.00 元
(凡购买金盾出版社的图书,如有缺页、
倒页、脱页者,本社发行部负责调换)

前　　言

近年来，养兔业在我国不断升温，是一项深受百姓喜欢的致富项目。家兔个体小，繁殖率高，生长快。饲养家兔投资小，占地少，耗粮少，生产周期短，见效快。家兔肉质细嫩，营养丰富，蛋白质、钙、磷和卵磷脂含量高，脂肪和胆固醇含量低，具有美容、保健、改善心脑血管等作用，是适合老人延寿、儿童益智、妇女美容保健的绿色食品。另外，兔粪是优质有机肥料，能增进土壤肥力，改善土壤通透性，减少地上、地下病虫害，对农作物增产十分有益，特别适合种植果树、大棚蔬菜等。家兔饲粮以青粗饲料为主，适当搭配精饲料，它不与人争粮，不与粮争地，因此养兔是典型的节粮型可持续发展的产业。

家兔属小型哺乳类动物，受外界环境影响大，抗病力差，易发生各种疫病，养兔户只有掌握科学的养殖技术，从各方面采取积极措施，杜绝疫病的发生和流行，才能保证兔群的持续健康，获得好的效益。

本图书在编写过程中，立足普及、注重实用，分十一章对家兔生产中的场址选择和布局、消毒技术、免疫接种技术、药物预防技术、兔病的诊疗技术以及兔场疫病的检疫和净化、应急处置、废弃物的处理等方面进行了较为全面、系统的介绍，并突出阐述了"防病重于治病"的理念。书中选编了200余幅彩色照片和墨线图，图文并茂，力求更加明了和详尽，凝聚了笔者多年来的工作心得，参考了许多专家学者的宝贵资料和第一线生产技术人员的实践经验，理论和实践进行了有机的结合，具有一定的可操作性。希望该图书成为广大养殖户、基层畜牧兽医工作者和农牧院校师生的良师益友。

因时间仓促，笔者水平有限，书中难免存在不妥之处，敬请读者批评指正。

在此，对为本图书提供图片资料的作者表示衷心感谢！

编　著　者

目 录

第一章 树立治疗不如预防、
预防不如管理的理念

一、目前我国兔场疫病流行的特点

目前我国家兔主要传染病包括以下几种。

病毒病：兔瘟。

细菌病：巴氏杆菌病、波氏杆菌病、大肠杆菌病、产气荚膜梭菌病、葡萄球菌病。

寄生虫病：球虫病、附红细胞体病、螨虫病、毛癣病。

其他：兔腹泻病、传染性鼻炎病。

随着我国家兔产业的迅猛发展，兔场规模化、集约化程度不断提高，各种疫病的发生也呈现非典型化和复杂化的趋势。主要表现出如下特点：

（一）兔瘟发病呈现早龄化、非典型化和散发趋势

目前，兔瘟发病年龄呈现低龄化特点，特别是刚断奶的仔兔也有发生，最早在 40 日龄前后发病。病死率与原先的高达 76％～100％相比下降很多，一般病死率在 20％～30％。其临床症状和解剖特点也并非与典型性的兔瘟完全相符。其主要特征是精神沉郁，食欲减退，渐进性死亡，浑身瘫软。剖检特征为胸腺肿大出血，其他如肺部和气管出血、肝脏变性、肾脏肿大出血、直肠内有胶冻样黏液和肛门有淡黄色黏液等症，剖检特征不明显、不一致、不统一。近年兔瘟很少大面积流行，多为散发型，局部性。

(二)呼吸道疾病发病率呈上升趋势

调查表明,目前引起我国兔场呼吸道疾病发病率上升的主要病原为支气管败血波氏杆菌、其次为巴氏杆菌,克雷伯氏菌病也有发生。

(三)多病原混合感染病例明显增多

规模兔场中,两种、两种以上不同病原混合感染同一兔群的情况明显增多。病毒与细菌的混合感染,常见的病例有,兔瘟与巴氏杆菌病并发;兔瘟与产气荚膜梭菌病并发;兔瘟与波氏杆菌病并发等。两种以上的细菌混合感染,常见的病例有,巴氏杆菌与波氏杆菌的混合感染,有的还并发绿脓假单胞菌病。另外,还有寄生虫病与细菌病的并发,传染性疾病与营养代谢性疾病的并发等。

(四)细菌性传染病危害加大

大肠杆菌属家兔常在菌、各种应激均可导致肠道菌群紊乱、诱发本病。产气荚膜梭菌病是由 A 型和 E 型魏氏梭菌及其产生的外毒素引起的急性消化道传染病,饲喂高能量、高蛋白质饲料时突然增加喂量容易诱发此病。诸如此类,目前兔场细菌性传染病危害不断加大。

(五)"家兔腹胀"病危害严重、无有效防治办法

在我国的一些地方兔场,流行一种以腹胀为特征、具有传染性的新病。该病发病率在 50％～70％,死亡率在 90％以上甚至100％。本病一年四季均有发生,秋后至翌年春季发病率高。各品种兔均有发病,以断奶后至 4 月龄兔为主,特别是 2～3 月龄兔发病率高,成年兔很少发病。目前该病病因尚不清楚。

(六)代谢性疾病、繁殖障碍病发病率升高

由于日粮中某一营养元素的缺乏或过量导致家兔罹患疾病。例如,日粮中钙、磷不足或比例不当会引起幼兔佝偻病和母兔产后瘫痪等代谢性疾病。兔群长期采食维生素 A 和维生素 E 低的日粮,母兔会发生受胎率低,滑胎率高,仔兔脑水肿数量增加,产活仔数低等繁殖障碍病。

(七)球虫病呈常年化流行特点

由于规模兔场兔舍的环境控制,冬季兔舍温度适宜,有利于家兔的生产,同时也为球虫卵的生存和发展提供了适宜的条件,球虫病的发生呈现常年化流行特点。

(八)毛癣病、饲料霉变中毒频繁发生

毛癣病是由真菌毛癣霉与小孢霉感染皮肤表面及毛囊、毛干等附属结构所引起的一种传染病。其特征是感染皮肤呈不规则的块状或圆形脱毛、断毛及皮肤炎症。该病可通过直接和间接传染,病兔是主要传染源。潮湿、污秽的环境条件,兔舍兔笼卫生不好可促使该病发生。发病后治疗费工费时费钱,淘汰是最好的办法。

饲料霉变中毒主要以饲草霉变中毒为主,当前我国饲草产业落后,优质饲草资源短缺,供需矛盾突出,饲草质量不稳定是中毒多发的主要原因。

二、家兔疫病治疗不如预防

传统理念重治疗轻预防,往往把兔场办成了病兔的疗养院。为了改变这种不科学的观念,业内专家提出了病兔"五不治"理念:即无法治愈的不治;治疗费用高的不治;治愈后经济价值不高的不

治;传染性强、危害大的不治;费时费工的不治。

养兔户要牢固树立预防重于治疗的思想观念,把经常性的预防工作当作首要任务来抓。新养兔户缺乏养兔经验,关注品种、治疗和开支等环节较多,缺乏防病理念,很少主动花钱用于疫病的预防。

养兔业属规模效益型行业,饲养数量小则利润相对低。而工厂化养兔由于饲养量大、密度较高极易导致疫病的发生。无论患哪类疫病,即使是普通的疾病都会直接导致效益的降低。

家兔个体小,与珍稀动物相比单体的经济价值低,治疗费用与个体的经济价值相比不相称,患病后治疗意义不大。所以,只能通过预防,使家兔少患病,保证最大的经济效益。

家兔某些疾病传播快、死亡率高,如兔瘟,没有有效的治疗方法,只有通过免疫接种才能控制该病的发生;其他如家兔"腹胀病"、家兔传染性鼻炎病,前者病因尚不清楚,更谈不上有效治疗;后者是由多种细菌感染、病因复杂,没有合适的疫苗,也没有特效药物防治;此外,还有家兔毛癣病,发病后的治疗费工费时相当棘手。所以,轻视预防,等到家兔发病后再做治疗处理,损失极大、得不偿失。

兔病科研水平存在局限性,有待深入地探索简单易行的诊疗方法。如果预防措施到位,将会减少疫病的发生,从而弥补技术的不足,提高兔群的健康水平(图 1-1)。

图 1-1　传染病死亡兔

三、家兔疫病预防不如管理

预防疫病的理念是防患于未然的理念，在疫病尚未发生前便通过免疫接种和使用药物有针对性地控制家兔不被疫病感染，从而达到健康生产的目的。由于规模化生产的需要和条件，家兔疫病的预防工作需要贯穿于整个生产过程中。

尽管疫病的预防是一项非常重要的工作，但是，还有一项比疫病预防重要百倍的工作，那就是竭力增强家兔的体质，提高自身免疫力。家兔体质好了，疫病发生少了，生产效益就增加了。无论是免疫接种还是添加药物预防，根本目的是使家兔少得病、不得病，与增强家兔体质的终极目标是一致的。

广义的预防包括增强家兔体质的概念。

增强家兔体质的方式包括，首先要为家兔创造良好的生产环境，这是从建场开始就需要考虑的问题，包括场址的选择、场舍的布局、兔舍的建造、设施设备等，只有选择一个好的场址，设计一个合理的布局，建造符合家兔生物学特性要求的兔舍，家兔才能感觉舒适，才能远离疫病、噪声等污染，降低疫病感染率。其次是科学的饲养管理工作。饲养和管理科学，则家兔生活安逸、环境友好，家兔体质增强，免疫力提高，疫病发生率降低。

本书从上述方面展开介绍。

第二章　兔场建设要科学、因地制宜

一、场址选择

场址要选择地势较高、平坦干燥、排水良好的地方。场址应背风向阳、阳光充足、利于通风。场址的交通、水电要求便利并远离污染源。

（一）地势地形

地形整齐开阔，有足够的面积，地面应平坦而稍有缓坡，一般坡度在 1％～3％为宜，以利排水，防止污水和泥泞，坡度最大不超过 25％。留有 10％～20％的占地面积作为机动（图 2-1）。

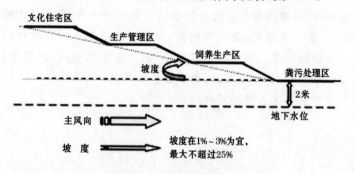

图 2-1　兔场的地势布局图

地势高燥，地下水应在 2 米以下。地势背风向阳，不宜建于山坳和谷地。

平原地区,兔场场址应选择在比周围地段稍高的地方。在山区建场,应选择稍平的缓坡地的半山腰处,并避开断层、滑坡、塌方等地段。山沟底、谷底、河道内不宜建场,因易遭受洪水、泥石流等自然灾害,给养兔场带来灾难。

地形要开阔、整齐、紧凑,不应过于狭长和边角过多,这样可缩短道路和管线长度,节约投资和利于管理。要充分利用自然地形地物,如山岭、河川、林带、沟河等作为场界和天然屏障。

兔场的占地面积依据家兔的生产方向、饲养规模、饲养管理方式和集约化程度等因素确定。在设计时,既应考虑力求不占或少占耕地,又要为今后发展留有余地。如果以 1 只基础母兔及其仔兔占 0.8 米^2 建筑面积计算,兔场的建筑系数约为 15%,500 只基础母兔的兔场需要占地约 2 700 米^2。

(二)土壤土质

兔场用地最好为沙质壤土,因为它兼具沙土和黏土的优点,既有一定数量的大孔隙,又有多量的毛细管孔隙,透气透水性良好,能保持干燥,导热性好,有良好的保温性能。可防止病原菌、寄生虫卵和蚊蝇的生存和繁殖。同时,由于透气性好,有利于土壤本身的自净。沙质土壤的导热性小,热容量较大,地温比较稳定,可为家兔提供良好的生活条件;又由于其抗压性好,膨胀性小,能满足兔场设施的建筑要求。

(三)水源水质

水质良好,水量充足(满足场内生活用水、兔只饮用水、冲洗兔舍和清洗设备用水),便于取用和卫生防护。

最好的水源是泉水、自来水或溪间流水,其次是江河中的流动活水。池塘水常为死水,一般都有污染,如不得已而使用时应注意卫生消毒。

在无法获得天然清洁水源的情况下，则需打井取水，以供生产和生活之需。

水质的标准要求见表2-1。

表2-1 水源水质标准表

项　目		标准值	
		畜	禽
感官性状及一般化学指标	色,(°)	色度不超过30°	
	浑浊度,(°)	不超过20°	
	臭和味	不得有异臭、异味	
	肉眼可见物	不得含有	
	总硬度(以 CaCO₃ 计),毫克/升	1500	
	pH 值	5.5～9	6.4～8.0
	溶解性总固体,毫克/升	4000	2000
	氯化物(以 Cl⁻ 计),毫克/升	1000	250
	硫酸盐(以 SO₄²⁻ 计),毫克/升	500	250
细菌学指标	总大肠菌群,个/100 毫升	成年畜10,幼畜和禽1	
毒理学指标	氟化物(以 F⁻ 计),毫克/升	2.0	2.0
	氰化物,毫克/升	0.2	0.05
	总砷,毫克/升	0.2	0.2
	总汞,毫克/升	0.01	0.001
	铅,毫克/升	0.1	0.1
	铬(六价),毫克/升	0.1	0.05
	镉,毫克/升	0.05	0.01
	硝酸盐(以 N 计),毫克/升	30	30

(四)场址位置

养殖场场址应距公路、铁路交通干线和居民区保持至少 500 米的距离;且与其他家畜养殖场及屠宰厂、医院、文化教育科学研究区等人口集中区距离 1 000 米以上。应避开风景名胜区、自然保护区的核心区和缓冲区。场址应靠近输电线路,电力安装方便,保证 24 小时供应,必要时自备发电机供电。养兔场有专用车道直达,路宽可会车,路面硬化,且满足最大承载(图 2-2)。

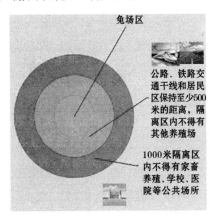

图 2-2 兔场选址要求

二、规划布局

(一)总体布局

兔场通常分为生活区、生产管理区、生产区、隔离区和粪便处理区。各区的顺序根据当地全年主导风向和兔场场址地势来安排(图 2-3 至图 2-5)。

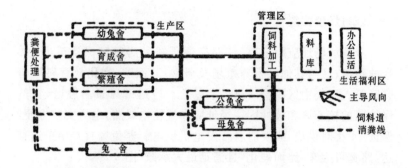

图 2-3　兔场规划布局草图

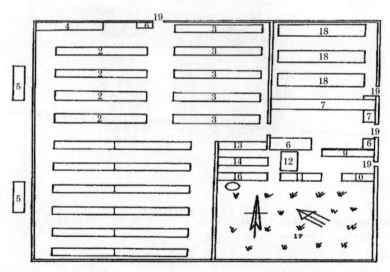

图 2-4　某兔场平面布局示意图

1. 种兔舍　2. 繁殖室　3. 后备育肥舍　4. 隔离室　5. 蓄粪池
6. 警卫室　7. 办公室　8. 食堂　9. 车库　10. 配电室　11. 修理室
12. 饲料原料库　13. 饲料成品库　14. 饲料加工间　15. 锅炉房
16. 水塔　17. 果菜园　18. 宿舍　19. 门

图 2-5 兔场布局示意图

1. 生活区 是管理人员和家属日常生活的地方,独立设立。一般在生产区的上风向、偏风向,并且地势较高。包括食堂、宿舍、文娱和运动场所。

2. 生产管理区 是兔场生产管理必需的附属建筑物,有办公室、接待室、财务室、会议室、技术档案室、化验分析室(兽医室)、饲料加工车间、饲料贮存库、设备修理车间、变电室(发电室)、水泵房、锅炉房等。该区不宜距生产区太远,在地势上,生产管理区应高于生产区,并在其上风向、偏风向。

3. 生产区 是兔场的主要建筑区,包括各类兔舍和生产设施,占全场总建筑面积的 70%～80%,对外全封闭,禁止一切外来人员和车辆进入。生产区兔舍可细分为配种舍、妊娠舍、分娩舍、保育舍、生长育肥舍、种公兔舍、后备种(公、母)兔舍。种公兔区在种兔区上风向,分娩舍既要靠近妊娠舍,又要接近保育舍。后备种(公、母)兔舍、保育舍、生长育肥舍依次设在下风向、偏风向。各舍间要保持距离,并采取一定的隔离防疫措施。兔舍方向要与当地夏季主导风向呈 30°～60°角,可让每排兔舍在夏季获得最佳通风。在生产区的出入口设立专门的消毒间、消毒池,对进出生产区的人员和车辆进行消毒。

4. 隔 离 区 是引进种兔后进行隔离观察和病兔隔离治疗的区域,尸体解剖室等在此区域。隔离区位置在整个兔场下风向。

5. 污 水 粪 便 处 理 区 焚烧炉、污水和粪便发酵处理或综合利用区。粪尿池的容量和处理应符合环保要求,防止污染环境。位置处在下风向。

6. 水 源 区 水量充足,水质符合国家饮用水标准要求。位置必须远离污水粪便处理区,防止水源污染。

7. 其 他 绿化隔离,净、污道路,排雨、污水系统。

(二)合理布局

1. 基 本 原 则 应从人和兔的健康角度出发,建立最佳的生产联系和卫生防疫条件。尤其在地势和风向上要进行合理布局,办公生活区要占全场的上风向和地势较好的地区,其他依次为:管理区、生产区、兽医隔离区(图 2-6)。

图 2-6 合理布局

2. 兔 舍 朝 向 朝向取南向,即兔舍纵轴与纬度平行。有利于冬季阳光照入舍内提高舍温,并可防止夏季强烈的光照,引起舍温升高。考虑到我国各地地形、通风和其他条件,可根据各地情况向东或向西偏转 15°。一般而言,为保证通风和采光,兔舍间距应不少于舍高的 1.5～2 倍。

3. 道路　主干道与支干道,要求场内道路保持最短距离。场内道路要分净道和污道,二者不可通用或交叉。

4. 防疫设施

(1)场界防疫　兔场周围要有树木、沟壑等天然防疫屏障或建筑较高的围墙,以防场外人员或动物进入场内。隔离墙要求墙体严实,高度 2.5～3 米,或沿场界周围挖深 1.7 米、宽 2 米的防疫沟,沟底和两壁硬化并放入水,沟内侧设置 15～18 米的铁丝网。

(2)门口防疫　兔场大门、各区域入口处,特别是生产区入口处以及各兔舍门口,应设相应的消毒设施。如车辆消毒池、人的脚踏消毒槽、消毒室等。车辆消毒池要有一定深度,池长应大于轮胎周长的 2 倍。

5. 化粪池　应设在生产区的下风向,与兔舍保持 50 米(有围墙时)或 100 米(无围墙时)的间距。

6. 兔场绿化　兔场绿化可改善小气候环境,净化空气,也可起到防疫防火作用。场界周边种植乔木和灌木混合林带,场区设隔离林带,以分隔场内各区;道路两旁绿化。在靠近建筑物的采光地段,不应种植枝叶过密、过于高大的树种,以免影响兔舍采光。

7. 山地建场与平原建场　山地建场因山势不同布局各有不同,原则依山势而建,全面考虑拟选场址的坡势、主导风向、水源、光照后,科学规划兔场各区位置,从人和家兔的保健角度出发,确定生产区、生活区的有机联系;不仅安排好员工的工作、生活,而且特别重视家兔的生产防疫,合理利用有限区间(图 2-7)。

平原建场因为没有地形的局限,更能合理布局各区位置,借鉴规范场布局的成功经验,规避不足(图 2-8)。

图 2-7 依山势而建

图 2-8 平原建场

三、兔舍环控设施设计

(一)兔舍环境要求

应便于实施科学的饲养管理,以减轻劳动强度,提高工作效率。固定式多层兔笼总高度不宜过高,为便于清扫、消毒,双列式道宽以 1.5 米左右为宜,粪水沟宽应不小于 0.3 米。家兔的环境卫生指标,应根据家兔的生理特性制定。

1. 温度 成年兔适宜温度为 15℃～20℃,幼兔 20℃～25℃,初生仔兔 30℃～32℃。家兔生长的临界温度为 5℃～30℃。

2. 湿度 以 60%～65% 为宜。

3. 光照 繁殖母兔 14～16 小时/天，光照强度 20 勒克斯；育肥兔 8 小时/天，光照强度 8 勒克斯，光线分布均匀。

4. 通风换气 每千克活重 2～3 米³/小时，夏季可增至 3～4 米³/小时，冬季减少到 1～2 米³/小时。

5. 有害气体含量 氨（NH_3）<26 厘米³/米³，二氧化碳（CO_2）<1 500 厘米³/米³，硫化氢（H_2S）<10 厘米³/米³，一氧化碳（CO）<24 厘米³/米³。

(二)兔舍环控设施要求

兔舍设施的使用材料不含有放射性元素等有害物质，符合家兔的生物学特性，有利于生长发育及生产性能的提高；便于饲养管理和提高工作效率；有利于清洁卫生，防止疫病传播。兔舍应有防雨、防潮、防风、防寒、防暑和防兽害的设施。要求兔舍通风干燥，光线充足，冬暖夏凉。兔舍屋顶覆盖物具有隔热性能；墙壁应坚固、平滑，便于除垢、消毒；地面应坚实、平整，一般应高出兔舍外地面 10～25 厘米。

1. 兔舍建筑

(1)兔舍基础和地基 地基必须具备足够的强度和稳定性，足够的承重能力和足够的厚度，且组成一致，压缩性小而匀，抗冲刷力强、膨胀性小，地下水位在 2 米以下，且无侵蚀作用。基础是墙的延续和支撑，一般基础比墙宽 10～15 厘米。为了防潮和保温，基础应分层铺垫防潮保温材料，如油毡、塑料膜等。国外在畜舍建筑中广泛采用石棉水泥板及刚性泡沫隔板，以加强基础的保温。

(2)兔舍墙体 墙体是兔舍的主要结构。以砖墙为例，造价占总造价的 30%～40%。墙也是兔舍的主要外围护结构，有保持舍内一定温度、防止风寒侵入以及承受屋顶重量的作用。据测定，冬季通过墙体散失的热量占总散热量的 35%～40%。对墙壁总的要求是坚固耐久,抗震、防水、防火、抗冻,结构简单,便于清扫、消毒,同时具备良好的保温与隔热能力。墙的保温、隔热能力取决于所采用的建筑材料和厚度。如选用空心砖代替普通红砖,墙的热阻系数可提高 41%,而用加气混凝土块则可提高 6 倍。我国建造的兔舍,多用砖块垒砌。开放式或半开放式兔舍可用一砖至一砖半。为增加防潮和隔热性能,墙内表面应抹灰浆。为增加反光能力和保持清洁卫生,墙内表面应粉刷成白色。

(3)兔舍屋顶及天棚 屋顶是兔舍上部的外围护结构,用以防止降水、雪和风沙侵袭及隔绝太阳辐射热,屋顶对冬季的保温和夏季的隔热都有重要意义。故建造兔舍时应选好屋顶材料。屋顶坡度,在寒冷积雪和多雨地区应大些,可采用高跨比。一般屋顶高度(H)和屋顶跨度(L)的比为 1∶2～5。高跨比 1∶2 即 45°坡,适于多雨雪的寒冷地区。

天棚又称顶棚,是将兔舍与屋顶下空间隔开的结构,使该空间形成一个不流动的空气缓冲层。天棚的主要作用是加强冬季保温和夏季隔热,同时也有利于通风换气。兔舍热量 36%～44% 是通过天棚和屋顶散失的。因此,屋顶和天棚的结构要严密、不透气。为加强隔热保温性能,天棚应选用隔热性好的材料,如玻璃棉、聚苯乙烯泡沫塑料等。

(4)兔舍地面 兔舍地面质量不仅影响舍内小气候与卫生状况,还会影响家兔的健康及生产力。兔舍地面要求结实、平整、无裂缝,防潮、保温(导热性小),抗机械能力强,耐消毒液及其他化学物质的腐蚀,耐冲刷,易清扫消毒,保温隔潮。舍内地面要有一定的坡度,并高出舍外地面 10～25 厘米,保证粪尿及洗涤用水及时排走,并且防止雨水及地面水流入兔舍。生产中兔舍多为水泥地面,其导热性强,虽有利于炎热季节的散热,但在寒冷季节散热量大。因此,不宜做兔的运动场和兔床(如散养)。砖砌地面虽造价较低,但易吸水,不易消毒,湿度较大,故大中型兔场不宜采用。

（5）兔舍的门　兔舍内分间的门叫内门，通向舍外的门叫外门。对舍门的要求是结实耐用，开启方便，关闭严实，能防兽害，有利于家兔出入而不发生意外，保证生产过程（如运料、清粪等）的顺利进行。

兔舍门向外开，门上不应有尖锐突出物，门下不应有木槛和台阶。兔舍门一般宽 1.5 米，高 2 米左右。人行便门宽 0.7 米，高 1.8 米。每栋兔舍一般有 2 个外门，设在两端墙上，正对中央通道，以便运料及管理。舍门大小根据作业方式而定。较长的兔舍（大于 30 米），可在阳面纵墙上设门。寒冷地区端墙及北墙可不设门，阳面多开门。为加强门口保温，通常设门斗。

（6）兔舍的窗　兔舍的窗户主要用于采光和通风。窗户的装置和结构对兔舍的光照、温湿度和空气的新鲜度等都有较大影响。窗户面积的大小，用采光系数来表示。采光系数是指窗户的有效采光面积同舍内地面面积之比。兔舍的采光系数种兔舍为 1：10，育肥舍为 1：15 左右。

入射角是兔舍地面中央一点到窗户上缘所引的直线与地面水平线之间的夹角。入射角愈大，愈有利于采光。兔舍窗户的入射角一般不应小于 25°～30°。透光角又叫开角，即兔舍地面中央一点向窗户上缘和下缘引出两条直线所形成的夹角。透光角越大，越有利于光线进入。兔舍的透光角一般不应小于 5°。

从采光效果看，立式窗户比水平式窗户好。但立式窗户散热较多，不利于冬季保温。故寒冷地区在兔舍南墙设立式窗户，在北墙设水平式窗户。缩小窗间墙壁的宽度，不仅可增大窗户面积，而且可使舍内的光照比较均匀。将窗户两侧的墙棱修成斜角，使窗洞呈喇叭形，能显著扩大采光面积。为增加保温能力，寒冷地区窗户可设双层玻璃。

（7）兔舍高度　舍高通常以净高表示。净高指地面至顶棚（天棚）的高度。无天花板兔舍指地面至屋架下缘的高度，即桁下高。

增加净高有利于通风,缓和高温影响,但不利于保温。因此,在寒冷地区,应适当降低净高,一般为 2.5～2.8 米。而炎热地区则应增加净高 0.5～1 米。

(8)兔舍跨度和长度　兔舍的跨度要根据家兔的生产方向、兔笼形式和排列方式以及气候环境而定。一般单列式兔舍跨度不大于 3 米,双列式 4 米左右,三列式 5 米左右,四列式 6～7 米。跨度过大不利于兔舍的通风和采光,同时给建筑带来困难,一般控制在 10 米以内。兔舍的长度没有严格的规定,可根据场地条件、建筑物布局灵活掌握。但为便于兔舍的消毒和防疫,考虑粪尿沟的坡度,故以控制在 50 米以内为宜。

2. 排污系统　兔舍的排污(污水、粪、尿)对保持兔舍清洁、干燥和卫生有重要意义。排污系统由排水沟、沉淀池(降口)、暗沟、关闭器、蓄粪池等组成。

(1)排水沟　排水沟主要用于将舍内兔粪、尿液和污水排出舍外。排水沟的位置可设在墙角内外,也有设在每排兔笼的笼前和笼后的。各地可根据不同笼舍的具体情况,以便于管理、利于保持清洁和干燥为原则酌情而定。粪尿沟的宽度根据兔笼粪便的排出方式而定。有承粪板的兔笼,粪尿沟宽 25～35 厘米;无承粪板的兔笼,以使粪尿不落在道路上为宜。粪尿沟不宜过宽,以减少与大气接触面。粪尿沟应不透水,底面呈月牙形,表面光滑便于清洁。一般以水泥抹制,或在水泥沟壁贴瓷砖。粪尿沟起始端深度为 5～10 厘米,然后按一定斜度决定终端深度(一般斜度为 1%～1.5%)。

(2)沉淀池　为一圆形或方形小井,其作用是将尿液、粪便和污水中的固形物进行沉淀。上连粪尿沟,下通暗沟。为防止被残草、粪便等堵塞,应在沉淀池入口处设滤网。为防人、畜踏进和便于往来,沉淀池上必须加盖。

(3)暗沟　即地下沟,是沉淀池通向化粪池的地下管道(地下排水管)。一般为圆形水泥管或烧制的瓷管。为防臭气回流,暗沟要开口于池的下部,管道要呈直线,并有 3%~5% 的坡度。

(4)关闭器　设在粪尿沟出口处的闸门,以防粪尿分解出来的不良气体进入兔舍。同时,防止冷风倒灌、鼠、蝇等由粪沟钻入兔舍。关闭器要严密,耐腐蚀,耐用。

(5)化粪池　用于蓄积舍内流出的粪尿和污水,应设在舍外 5 米以外的地方。池底及四壁要坚固,不透水。池的上面保留 80 厘米×80 厘米的池口,供取尿液用,上设活动盖,其余部分密封。池的上口要高出地面 5~10 厘米,以防地面水流入池内。池的大小根据污水排出量而定。一般可贮集 4 周左右的粪尿。

3. 通风系统　通风换气是养兔生产中的一项重要措施。通风可排出舍内过多的水分,保持兔舍内适宜的湿度,防止水分在周围建筑物上凝结;排出过多的热量,保持适宜的舍温;清除空气中的微生物、灰尘及舍内产生的氨气、硫化氢和二氧化碳等有害气体及臭味,使舍内气流均匀、稳定,给家兔创造一个良好的生活环境。兔舍的通风方式有以下几种:

(1)自然通风(静力学通风)　适于小规模兔场,主要依靠有活门装置又能加以调节的天窗和气窗进行舍内气体交换,比较经济。在兔群饲养密度不大的情况下实施有效;但对舍内温度高而舍外空气不流通,大规模、高密度的兔舍不适用。

(2)机械通风(动力学通风)　适于机械化、自动化程度较高的大型兔场,常用螺旋式鼓风机(有时用离心式鼓风机)进行动力学通风,它又分正压通风和负压通风(图 2-9)。

(3)联合式通风　即同时用风机进行送气和排气,适于兔舍跨度和长度均较大的规模兔场。

设计兔舍时,应根据具体情况,选择合适的通风方式。

4. 供暖设施　保持兔舍适宜的温度是降低家兔饲料消耗、提高营养物质利用率和生产性能的有力措施。大型兔舍供暖可采用

图 2-9　兔舍机械通风

集中热源(锅炉、热风炉等),将热水、蒸汽或预热后的空气通过管道送到舍内或舍内的散热器,局部供热则由火炉、电热器、保温伞、红外线灯等,供个别兔舍(如产仔间)取暖。我国中小型兔场供暖多采用火炉、火墙等形式。这种方式简便易行,但热能的利用率不高;较大型兔场也可采用水暖和气暖方式。

　　5. 降温设施　　家兔怕热,在我国长江以南地区炎热的夏季,常影响公兔生殖功能,甚至造成中暑死亡。在炎热的夏季,当外界温度超过家兔的适宜温度时,应采取措施降温。

　　(1)喷雾冷却　　在兔舍气流较大的地方安装高压喷嘴,将水呈雾状喷出,与舍内空气热交换而使舍温降低。喷雾冷却比较经济,水温越低,冷却效果越好;空气越干燥,冷却效果越理想。因此,喷雾冷却适于干热地区,在湿热条件下不宜采用。

　　(2)蒸发冷却　　是通过水分蒸发来降低舍温的方法。如在通风口安装湿帘和风机(图 2-10),地面或屋顶洒水,让冷水缓缓流经舍内设施等。

　　(3)干式冷却　　是使空气经过盛有冷物质(水、冰等)的设备(如水管、金属箱等)时而降温的方式,这种方式空气和水不直接接触。实验表明,当水的温度和空气温度相差 15℃～17℃时,经过干式冷却,舍内空气温度可降低 3℃～5℃,用冰可使舍内空气温度降低 5℃以上。

6. 噪声　家兔胆小,对噪声比较敏感。我国尚未颁布畜舍噪声卫生标准。工厂噪声以 85 分贝为限,兔舍内噪声应小于此限。选择在远离喧嚣的地方建场,采用隔音建筑材料,饲养管理操作轻缓等都是降低噪声的有效措施。

图 2-10　风机及湿帘

第三章 加强科学的饲养管理工作

一、加强饲养管理

加强科学饲养管理是提高家兔健康水平,预防疫病发生的首要条件。

(一)家兔饲养的一般原则

1. 青饲料为主、精饲料为辅 兔属于草食动物,饲料应以青草为主(图 3-1),营养不足部分以精饲料补充,这是饲喂的基本原则。养兔实践证明,兔可以采食植物茎叶(如青草、树叶)、块根块茎(马铃薯、萝卜、胡萝卜、甜菜)、果菜(瓜类、果皮、青菜)等饲料,对粗纤维的消化率为 65%～78%。家兔采食青绿饲料量是体重的 10%～30%。从上述数字可知,家兔对粗纤维的消化能力不是很强,因此青粗饲料一定要注意品质和数量。如果只喂青粗饲料,营养物质缺乏,使家兔生产力、抗病力低下;如果大量饲喂精饲料,少喂或不喂青粗饲料,则违背家兔消化生理,会造成代谢紊乱。应根据家兔的生产目的(育肥、产毛、产皮)选择饲料,做到以青粗料为主、精饲料为辅,青、粗搭配。根据生长、妊娠、哺乳等生理阶段的营养需要,精饲料喂量 50～150 克。不同体重家兔青草采食量见表 3-1。

表 3-1 家兔青草采食量表 （单位：克、%）

体 重	采食青草量	采食量占体重	体 重	采食青草量	采食量占体重	体 重	采食青草量	采食量占体重
500	153	31	2000	293	15	3500	380	11
1000	216	22	2500	331	13	4000	411	10
1500	261	17	3000	360	12			

图 3-1 家兔饲料应以青饲料为主

2. 多种饲料合理搭配 家兔生长发育快，繁殖率高，体内代谢旺盛，需要充足的营养。因此，家兔日粮应由多种饲料合理搭配，使饲料养分取长补短满足营养需要。例如，禾本科子实类饲料含赖氨酸和色氨酸较低，能量含量高，而豆科子实含赖氨酸及色氨酸较多。因此，在配制家兔日粮时，以禾本科子实及其副产品为主体，适当加入10%～20%豆饼，平衡能量、蛋白质的比例，提高蛋白质饲料的利用率（图3-2）。

3. 注意饲料质量，合理调制饲料 家兔能采食各种各样的饲料、饲草，但兔对疾病的抵抗力较差，容易发生消化道疾病。因此，要注意饲料、饲草的质量。饲喂时要做到"十不喂"。

①霉烂变质的饲料不喂；

②带泥沙、兔毛、粪污的饲料不喂；

③带雨水、露水的青绿饲料不喂;需晾晒后饲喂。

④刚打过农药的饲料不喂;

⑤发芽的马铃薯、染上黑斑病的甘薯不喂;

⑥生的豆类饲料(包括生豆饼、生豆渣)未经蒸煮、焙烤的不喂;

⑦牛皮菜、菠菜等不宜长期单独饲喂,因其中草酸含量较高,家兔长期大量采食易引起缺钙,特别是妊娠母兔、哺乳母兔更应注意;

⑧有毒植物(泽漆除外)不喂;

⑨易引起膨胀的饲料(如豆类)未经浸泡 12 小时不能喂。

图 3-2 多种饲料合理搭配

4. 日粮组成要相对固定,变换饲料应逐步过渡 家兔日粮的组成应相对固定,不宜更换全部组分。春、夏、秋三季通常以青绿饲料为主,冬季则多以青干草、块根块茎类饲料为主。更换饲料时要逐渐增加,使兔的消化系统逐渐适应。饲料突然改变,容易引起肠胃病。

5. 定时定量,看季节喂料 家兔的饲喂制度有两种,即自由采食和限量饲养。在养兔业发达国家,通常采用全颗粒饲料喂兔,哺乳母兔、产毛兔和生长肥育兔实行自由采食,以提高哺乳性能和生产性能。我国则多实行限量饲喂,即定时定量,每天喂兔的饲料数量、饲喂时间、次数和喂料次序都是一定的,可使家兔养成良好的采食习惯,增进食欲,有利于饲料的消化吸收。每天饲喂次数3～5次为宜,家兔是夜行性动物,夜间采食量很大,加喂1次夜料,则饲养效果更好。每天第一次先喂精饲料,以后与青粗饲料交替饲喂。

夏季,兔食欲降低,给料时要中午精而少,晚上吃得饱,早晨喂得早;冬季夜长日短,晚上要喂得多,早晨喂得早;梅雨季节适当增加干饲料喂量;粪便太干,适当增加青饲料喂量;粪便太软,适当多喂干饲料。

家兔采食量是一定的,要配制所需营养浓度的日粮。表3-2是兔常用饲料的合理用量,供参考。

6. 饮水卫生、充足　水是兔生命所必需,必须保证清洁、卫生和足量。供水量可根据家兔的年龄、生理状态、季节和饲养特点而定。高温季节需水量大,幼兔饮水量高于成年兔,妊娠母兔需水量增加。兔饲料中的水分只能满足需水量的 $15\%\sim20\%$。饲喂粗蛋白质、粗纤维和矿物质含量高的饲料,需水量提高。冬季大量饲喂多汁饲料时,可停止供给饮水;饲喂干的混合料时可在早、晚喂前各饮1次水。炎热季节中午加饮1次水。天凉季节,仔兔、公兔和空怀母兔每日供水1次,最好喂温水。冰水易引起兔胃肠道疾病(图3-3)。

图3-3　饮　水

表 3-2　家兔每日最大饲料供给量　（单位：克）

饲料	母兔状态（体重4千克）			幼兔年龄					
	休情期	妊娠期	泌乳期	18~20日龄	1~2月龄	2~3月龄	3~4月龄	4~5月龄	5月龄以上
青饲饲料	800	800~1000	1200~1500	30	200	350~400	450~500	600~750	750~900
青贮料	300	200	300~400	—	—	—	100	150	200
块茎类	250	200	300~350	20	50	75	100~150	150~200	200~250
胡萝卜	300	300~400	400~500	50	100~150	150	175~200	200~250	250~300
甜菜、萝卜	300	200~300	200~400	—	30	75	150	200	250~300
干草	175~200	175	250~300	10	20	50~75	75~100	100~200	150~200
嫩枝饲料	100	100	100~150	—	—	50	75~100	100~125	150~200
禾本科子实	50	75~100	100~140	8	30	40~50	60~75	75~100	100
豆科子实	40	50~60	75~100	5	12~20	20~30	30~40	40~60	40~60
油料子实	10	10~15	15~20	—	3~5	5~6	6~8	8~10	10~12
糠麸类	50	50~60	75~100	—	—	10~15	20~25	30	30~40
油饼类（棉籽饼除外）	10	20~25	30	2	—	5~10	10~15	15~20	20~25
油粕类	20	25~30	40~60	3~5	3~5	5~10	10~15	15~20	20~30

续表 3-2

饲　料	母兔状态(体重4千克)			幼兔年龄					
	休情期	妊娠期	泌乳期	18~20日龄	1~2月龄	2~3月龄	3~4月龄	4~5月龄	5月龄以上
甘蓝叶	400	400	500~600	20	30	100	150~250	300	300~400
蔬菜副产	200	200~250	250~300	—	50	50~75	75~100	100~150	150~200
脱脂乳	—	50	100	20	30	—	—	—	—
肉骨粉	5	5~8	10	—	—	3~5	5~7	7~9	9~12
矿物质饲料	2	2~3	3~4	—	0.5~1	1~1.5	1.5	1.5~2	2
蛋白质维生素膏	—	—	—	5	5~8	10	15	15~20	20~30

7. 晚上应注意多喂草料 家兔野生时期一般都是晚上出来采食,经驯化家养后仍保持着这种特性。因此,晚上应给兔多喂草料,以供家兔夜里食用,特别是冬季日短夜长,更应如此。

(二)家兔管理的一般原则

1. 饲养环境符合生理习性 家兔体弱、抗病力差且爱干燥,每天须打扫兔笼(图 3-4),清除粪便,洗刷饲具,勤换垫草,定期消毒,经常保持兔舍清洁、干燥。家兔怕热,舍温超过 25℃ 即食欲下降,影响繁殖。因此,在梅雨、高温季节,及时打开门窗通风,沿墙根、笼底撒草木灰或石灰吸湿杀菌;公兔要停止配种,毛兔及时剪毛以利散热。

寒冷气候对家兔生产不利,舍温降至 15℃ 以下即影响繁殖,因此冬季要做好防寒保温措施。

清扫笼舍

洗刷饲具

笼底撒石灰

图 3-4 饲养环境清洁、干燥

2. 保持安静, 减少骚扰　家兔的特点是胆小怕惊, 喜欢安静, 听觉灵敏, 经常竖耳静听, 稍有异响则惊慌失措, 乱窜乱跳, 尤其在分娩、哺乳和配种时影响更大, 所以管理操作要轻, 保持环境安静。笼舍设置, 防止犬、猫、鼠、鼬、蛇等侵袭的设施。

3. 合理分群　为了便于管理, 有利于兔的健康, 兔群应按品种、生产方向、年龄、性别等分成毛用兔群、皮用兔群、肉用兔群、公兔群、母兔群、青年兔群等; 生长兔按年龄、性别和强弱分群; 种公兔、妊娠母兔、哺乳母兔应单笼饲养 (图 3-5)。一般 3 月龄以下合群饲养, 3 月龄以上种兔单笼饲养。

图 3-5　合理分群

4. 加强运动　运动可增强兔的体质, 使家兔新陈代谢旺盛, 增进食欲, 提高种公兔配种能力, 减少母兔空怀和产生死胎。在条件许可下, 笼养兔应适当增加运动, 每周放养 1～2 次, 任其自由运动, 时间不宜过长, 以防兔在笼内不安。

5. 防疫灭病　加强防疫, 定期注射疫苗, 定时对兔舍、兔场环境、饲具等进行消毒。减少疫病的发生。

6. 建立卫生防疫制度　为减少或杜绝家兔患病机会, 每个养兔场都要有适合自己实际情况、行之有效的卫生防疫制度。例如, 隔离检疫、防止人畜随意进入兔场、搞好消毒卫生工作等; 为了预防和扑灭传染病, 还要制订强化性综合防制措施, 严格按国家要求做好病兔的隔离、消毒以及病死兔和粪便的无害化处理工作。卫生制度上墙,由场领导主抓落实。

二、建立健康兔群

建立健康兔群是指无一种或数种最常见和最难控制的家兔传染病和寄生虫病的兔群。新建兔场或引进种兔时,必须首先考虑建立健康兔群。

(一)坚持自繁自养

坚持"自繁自养"的繁殖方针,其目的防止因引进兔种而带入兔病,造成疾病的传播。为了兔场安全生产,在引种时,只能引自非疫区。并要了解该地区过去与现在的疫情,可从健康兔场选购良种兔,但需经当地兽医部门的检疫,有签发检疫合格证明书,再经本场兽医验证、检疫、隔离观察 1 个月,确认为健康者,还需驱虫,未注射疫苗的要补注疫苗后,方可混群饲养。

(二)建立消毒制度

消毒是建立健康兔群的重要一环,目的是切断各种传染途径,防止疫病流行。在正常情况下,兔场和兔舍的进出口处都应设置消毒池,以便人员、车辆出入消毒。消毒的关键是要全面彻底,坚持经常,严禁未经消毒的人员、车辆、用具等进入场、舍。

(三)经常观察兔群

每天喂料和清粪时,要注意观察兔的采食、精神和粪便有无异常。发现异常及时采取隔离、防治措施,而且要反复多次检疫、驱虫,及时淘汰病兔、带菌兔,以达到基本无病,逐步实现建立相对无病群的目的。

三、制定合理的防疫隔离制度

一是加强兽医检疫。

二是引进或调进家兔时应在采购地区进行疫情调查,经过产地畜禽防疫机构检疫并取得检疫证明和预防注射证明。

三是引种兔进场前必须进行检疫和消毒,隔离饲养观察 18～30 天,经免疫注射和驱虫,确认无病后才能进入饲养区。

四是除了对新引进的种兔严格检疫和隔离观察以外,兔群应有重点地定期检疫。例如,每 6 个月 1 次对巴氏杆菌病检测,每季度全群检查疥癣病和皮肤脓肿,每 2 个月进行 1 次伪结核的检查等。

五是检疫场所应远离兔场和饲料间,由专人负责,检疫室内应配备必需的用具,并严格遵守兽医防疫卫生制度的规定。

四、家兔饮用水卫生要求及防止污染措施

(一)家兔饮水的卫生要求

水是家兔不可缺少的营养成分,在养分的消化吸收、代谢废物的排泄、血液循环和调节体温等方面,水分起着重要的作用。因此,为保证家兔健康,人类肉食品卫生安全,家兔饮用水一定要足量和符合畜禽饮用水卫生要求(NY 5027—2008)。

(二)防止饮水污染的措施

1. 兔舍建筑设计合理　兔舍要建筑在地势高燥、排水方便、水质良好、远离居民区、工厂和其他畜牧场,特别要远离屠宰场、肉类和畜产品加工厂。大型兔场可自建深水井和水塔,深层地下水经过地层的渗滤作用,又属于封闭性水源,水质水量稳定,受污染

的机会很少。

2. 注意保护水源 经常巡察、掌握水源周边或上游有无污染情况，水源附近不得建厕所、粪池，垃圾堆、污水坑等，井水水源周围 30 米、江河水取水点周围 20 米、湖泊等水源周围 30～50 米范围内应划为卫生防护地带，四周不得有任何污染源。兔舍与井水水源间应保持 30 米以上的距离，最易造成水源污染的区域和病兔舍、化粪池或堆肥场更应远离水源地；化粪池应做无害化处理，排放时防止流入或渗进饮水水源。

3. 做好饮水卫生 经常清洗饮水用具，保持饮水器（槽）清洁卫生，最好用乳头式饮水器代替槽式或塔式饮水器；尽量饮用新鲜水，陈旧水应及时弃去。饮水中应加入适当的消毒药，以杀灭水中的病原微生物。

4. 定期检测水样 定期取样检查饮水，饮水污染严重时，要查找原因，及时解决（图 3-6）。

5. 做好饮水的净化与消毒处理

（1）净化 当水源水质较差，不符合饮水卫生标准时，需要进行净化处理。地面水一般水质较差，需经沉淀、过滤和消毒处理。地面水源常含有泥沙、悬浮物、病原微生物等，在水流减慢或静止时，泥沙、悬浮物等靠重力逐渐下沉，但水中细小的悬浮物，特别是胶体微粒因带有负电荷，相互排斥不易沉降。因此，必须添加混凝剂，混凝剂溶于水中可形成带正电的胶粒，可吸附水中带负电荷的胶粒及细小悬浮物，形成大的胶状物沉淀。这种胶状物吸附能力强，可吸附水中大量的悬浮物和细菌等一起沉降，这就是水的沉淀处理。

（2）消毒 经沉淀过滤处理后，水中微生物数量大大减少，但其中仍会存在一些病原微生物，为防止疾病通过饮水传播，还须进行消毒处理。消毒的方法很多，其中加氯消毒法，投资少、效果好，较常采用。氯在水中形成次氯酸，次氯酸可进入菌体，破坏细菌的糖代谢使其致死。加氯消毒效果与水的 pH 值、浑浊度、水温、加氯量及接触时间有关。大型集中式给水,可用液氯配成水溶液加入水中;小型集中式给水或分散式给水,多采用漂白粉消毒。住建部发布的数据显示我国自来水出厂水合格率从 58% 上升到 83%,但仍有 17% 的不合格名单。

6. 做好污水处理与排放工作　兔场卫生防疫产生的污水必须经过严格消毒后,方可排放。兔舍冲洗清洁产生的污水要在场外,通过水的自净作用(沉降、逸散、日光照射、有机物分解等)和无害化处理后,方可排放(图 3-7)。

图 3-6　水样检测　　　　　　　图 3-7　污水处理

五、控制环境卫生

(一)绿化环境

兔场的绿化,不但可以美化环境,还可以减少污染和噪声(图 3-8)。

1. 改善场区小气候　绿化可以缓和严冬时的温度差,夏季树木可以遮挡并吸收阳光辐射,降低兔场气温;绿化可增加小环境空气湿度;绿化可降低风速,减少寒风对兔生产的影响。

2. 净化空气　兔场排出的二氧化碳比较集中,树木和绿草可

图 3-8 兔场绿化示意图

吸收大量的二氧化碳,同时放出大量的氧气。植物尚能吸收大气中的二氧化硫、氟化氢等有害气体。据调查,有害气体经绿化地区后至少有 25%被阻留净化。

3. 减少微粒 绿化林带能净化、澄清大气中的粉尘。在夏季,空气穿过林带时,微粒量下降 35.2%~66.5%,微生物减少 21.7%~79.3%。草地可吸附空气中微粒,固定地面上的尘土,减少扬尘。

4. 减少噪声 树木及植被对噪声具有吸收和反射作用,可以减弱其强度。树叶的密度越大,则减音的效果也越显著,因此兔场周边栽种树冠大的乔木,可减弱噪声对周围居民及兔的影响。

5. 减少空气及水中细菌含量 森林可使空气中的微粒量大为减少,因而使细菌失去了附着物,数目也相应减少;同时,某些树木的花、叶能分泌芳香物质,可以杀死细菌、真菌等。

6. 防疫、防火作用 兔场外围的防护林带和各区域之间种植隔离林带,都可以防止人、畜任意来往,减少疫病传播的机会。由于树木枝叶含有大量的水分,并有很好的防风隔离作用,可以防止火灾蔓延。

(二)控制和消除空气中的有害物质

大环境和小气候的空气污染给兔场生产带来不良影响。空气中的有害物质大体分为有害气体、有害微粒和有害微生物三大类。

1. 有害气体 兔舍中的有害气体主要有氨气、硫化氢、一氧化碳、二氧化碳等。控制和消除舍内有害气体必须采取综合措施，即做好兔舍卫生管理，兔舍内合理的除粪装置和排水系统，可及时清除粪尿污水，兔舍防潮和保暖，合理通风。

2. 微粒 兔舍空气中经常飘浮着固态和液态的微粒，微粒分为尘、烟、雾三类。微粒对畜禽的危害主要表现在：①微粒落于体表，与皮脂腺分泌物、细毛、微生物等黏结在皮肤上，引起皮肤炎症，还能堵塞皮脂腺的出口，汗腺分泌受阻，散热功能降低。②大量的微粒对兔呼吸道黏膜产生刺激作用，如微粒中携带病原微生物，可使兔感染。兔场内、外绿化可有效减少空气中微粒；禁止干扫兔舍，及时通风换气，排除舍内的微粒。

3. 微生物 兔舍内空气中的微生物大体可分为三大类：第一类是舍外空气中常见的微生物，如芽孢杆菌属、无色杆菌属、细球菌属、酵母菌属、真菌属等，它们在扩散过程中逐渐被稀释，致病力减弱；第二类是病原微生物，随着呼吸进入兔机体，引起各种疾病；第三类是空气变应源污染物，是一种能激发变态反应的抗原性物质，常见的有饲料粉末、花粉、皮垢、毛屑、各种真菌孢子等，严格的消毒制度是控制和消除空气中微生物的有力措施，平时要保证兔舍通风换气、清洁卫生，及时清除粪尿和垫草，并进行消毒处理。

(三)防止噪声

噪声会使兔受到惊吓，引起外伤；长时间的噪声会使家兔体质下降，影响生长发育，甚至死亡。为减少噪声，建场时尽量远离噪声源，场内规划要合理，使汽车、拖拉机等不能靠近兔舍；选择性能稳定、噪声小的机械设备；种树种草降低噪声(图3-9)。

图3-9 噪声污染

(四)加强环境卫生的监测

监测环境卫生是为了查明污染状况，以便采取有效的改善措施。

1. 空气环境监测 主要包括温度、湿度、气流方向及速度、通风换气量、照度等。同时，还必须监测空气中氨气、硫化氢、二氧化碳等的含量。必要时可监测噪声、灰尘等。

2. 水质监测 水质监测内容应根据供水水源性质而定，自来水和地下水化学检测指标有：pH值、总硬度、溶解性总固体、氯化物、硫酸盐；细菌学指标：总大肠菌群；毒理学指标有：氟化物、氰化物、总汞、总砷、铅、六价铬、镉、硝酸盐。

3. 土壤监测 土壤可容纳大量污染物，土壤监测项目有硫化物、氟化物、酚、氰化物、汞、砷、六价铬、氮化物、农药等。

第四章　兔场消毒技术

消毒的目的是消灭环境中的病原体,杜绝一切传染来源,阻止疫病继续蔓延,是综合性预防措施中的重要一环。应该树立正确的消毒观念"消毒胜过投药",消毒可以减少投药,投药不能代替消毒。选用适宜的消毒方法和消毒剂,做好消毒工作十分重要。兔场必须制定严格的消毒制度,严格执行。要选择对人和兔安全,对设备没有腐蚀性、没有毒性残留的消毒药,所有消毒药应符合《无公害食品　肉兔饲养兽医防疫准则》NY 5131 的规定。

一、消毒类型

按照消毒目的和消毒时间的不同可以分为三类。

(一)预防消毒

即在平时对兔舍环境、兔笼、饮水器、食盆和用具等进行定期消毒,以达到预防一般传染病的目的。

1. 兔舍地面　兔舍地面是家兔排泄粪便的场所,因此地面消毒很重要。每天应及时清扫粪便,地面可撒一些生石灰,经常保持兔舍通风、干燥、清洁卫生。定期喷洒消毒药如 5％来苏儿液或20％烧碱溶液。

2. 兔舍笼具　对笼具进行喷洒消毒,一般消毒(指笼具使用期间的带兔消毒)按使用说明用百毒杀或水易净(氯制剂)等按一定比例配制溶液,一般每 3 天喷洒 1 次。

3. 水、食盒的消毒　一般每周消毒 1 次。将水、食盒从笼具上取下,集中起来用清水清洗干净,放入配制好的消毒液中浸泡30分钟,再清洗后晾干即可使用。

4. 产箱的消毒 对使用过的产箱应先倒掉里面的垫物,再用清水冲洗干净,晾干后,在强日光下暴晒 5～6 小时,冬天可用紫外线灯照射 5～6 小时,再用消毒液喷雾消毒后备用。

5. 工作人员进场消毒 工作人员进场时应走专用消毒通道,通过专设消毒室。消毒通道中设有脚踏消毒垫,对脚底进行消毒。消毒室内可用消毒剂喷雾消毒;屋内安装有紫外线消毒灯,也可对人体衣物表面进行紫外线消毒(图 4-1)。

图 4-1 进场人员严格消毒

(二)随时消毒

当兔场发生传染病时或个别兔发病时,为及时消灭从兔体内排出的病原体而采取的消毒措施。

(三)终末消毒

在病兔解除隔离、痊愈或死亡后或者在疫区解除封锁之前,为了消灭疫区内可能残留的病原体所进行的全面彻底的大消毒。终末消毒由于没有家兔的存在可以没有忌讳而进行得干净和彻底。采用的方法和步骤如下:

1. 机械清除法 对兔舍内外、场地、道路、笼具、食水具及其他设备通过机械清除去除存在的有机物；

2. 浸泡消毒法 食水具等能够浸泡的物品，采用消毒剂浸泡方法消毒；

3. 火焰消毒法 能够使用火焰消毒的地方要用火焰喷灯进行消毒；

4. 喷雾消毒法 兔舍内和兔舍外场地、道路要用消毒药多次喷雾消毒；

5. 紫外线灯消毒法 兔舍内、兽医室等地方要用紫外线灯消毒法消毒；

6. 熏蒸消毒法 兔舍内等封闭的空间采用甲醛气体熏蒸消毒的方法；

7. 生物热消毒法 收集到一起的粪便等污物可以采用生物热消毒法消毒并做无害化处理。

二、消毒方法

常用的消毒方法可分为物理消毒法和化学消毒法。

（一）物理消毒法

用物理因素杀灭或清除病原微生物及其他有害微生物的消毒方法。常用方法如下。

1. 自然净化 污染于大气、地面、物体表面和地面水体的病原微生物，靠日晒、雨淋、风吹、干燥、温度、湿度、水的稀释作用，pH 值的变化等大自然的净化作用达到消毒的目的。日光中紫外线，阳光的灼热和蒸发干燥能起到良好的杀菌作用。兔的产仔箱、垫草、饲草等置于直射阳光下 2～3 小时，可杀死大多数病原微生物（图 4-2）。

2. 机械清除法 用机械方法清除物体表面、水、空气、家兔体表的有害微生物,此法虽然不能将病原微生物杀灭,但可大大减少其数量,减少受感染的机会。常用的方法有冲洗、刷、擦、抹、扫、铲除、通风和过滤(图 4-3)。

图 4-2　阳光照射产仔箱消毒

图 4-3　清扫粪便

3. 热力灭菌 热力灭菌是一种应用最早、效果最可靠、使用最广泛的方法,可以灭活一切微生物。热力消毒可分为干热消毒和湿热消毒两种。表 4-1 为不同温度下干热、湿热灭菌的时间。

表 4-1　不同温度下干热、湿热灭菌的时间

灭菌方法	温度 (℃)	维持时间 (分)	灭菌方法	温度 (℃)	维持时间 (分)
干　热	160	60	湿　热*	121	15
	170	40		126	10
	180	20		134	3

＊饱和蒸汽。

(1)干热消毒

①焚烧　适用于对家兔尸体、污染的杂草、地面等的消毒,可直接点燃或在焚烧炉内焚烧。

②火焰消毒　用火焰喷灯喷出的火焰进行消毒,喷灯的火焰温度能达到 400℃～800℃,适用于金属制兔笼、笼底板、产仔箱及

墙面、地面等的消毒。

③干烤　干烤灭菌是在烤箱内进行的,适用于器械、注射器等的灭菌。

(2)湿热消毒

①煮沸(或高压煮沸)消毒　煮沸消毒可做金属、木质、玻璃、衣物等的消毒,适用于医疗器械及工作服等的消毒。煮沸 30 分钟,一般微生物可被杀死,煮沸 1～2 小时可以消灭所有病原体。在水中加入少量碱,如 1%～2%碳酸钠、0.5%肥皂或氢氧化钠等,可使蛋白质、脂肪溶解,防止金属生锈,提高沸点,增强杀菌作用。

②蒸汽消毒　是利用 80%～100%的湿热空气消毒,与煮沸消毒相似,一般可用蒸笼消毒。利用高压蒸汽消毒器,在 121.3℃下消毒 15～20 分钟,可将一切芽孢、细菌、病毒杀死。

(3)生物热消毒法　利用家兔排泄物、尸体中微生物的生命活动引起发酵,同时产生热量(非嗜热菌先发育,使温度升高至30℃～35℃,然后由嗜热菌发育,使温度升高到 60℃～75℃),在几天到 2 个月内杀死非芽孢菌、病毒、寄生虫卵等。除去炭疽、气肿疽等病畜的粪便此法不能生效外,大部分传染病畜的粪便可以利用生物热消毒。

排泄物生物热消毒步骤:根据粪便多少,决定采用圆锥形粪堆,还是梯形的长形粪堆。将地面整平,挖一圆形或长方形浅坑(深 25 厘米),或在地上打一圆形或长方形土埂,在浅坑或土埂内铺一层铡碎的麦秸、稻草或杂草,然后把要消毒的粪便堆积起来。如果是干粪每堆一层,要喷水浸湿。粪堆要疏松,不要打实,圆形坑堆成上小下大的圆锥形,长方形坑堆成上窄下宽的梯形。然后,在粪堆上覆盖碎草 10 厘米(冬季 40 厘米),上面用厚泥抹好封严,夏季堆封 1 个月,冬季堆封 3 个月,即可腐熟利用。北方严寒地区冬季堆封的要在解冻后,再堆封 3 个月方可启封利用。

4. 紫外线灭菌　紫外线对细菌、病毒、真菌、芽孢、衣原体等均有杀灭作用。不同微生物对紫外线照射的敏感性不同。微生物的数量越多,需要产生相同致死作用的紫外线照射剂量就越大。

(1)紫外线灯　紫外线灯的种类较多,随用途不同放射出紫外线的波长也不同。灯的杀菌力取决于紫外线的输出量,输出能量决定于灯的类型、瓦特数和使用时间。输出量以瓦作为单位,所有灯管均标有输出量,灯久用后即衰老,一般寿命为 3 000～4 000 小时。周围的温度对紫外线灯的输出强度也有影响,一般以室温条件(27℃～40℃)输出强度最大,周围温度过高、过低都会使输出强度降低。当灯管温度由 27℃下降至 4℃时,输出强度下降 65％～80％。紫外线灯质量的优劣不能根据其有无蓝色光和是否形成臭氧作判定。

(2)使用紫外线灯的注意事项　灯管表面应经常(一般 2 周 1 次)用酒精棉球轻轻擦拭,除去上面的灰尘和油垢,减少对紫外线穿透力的影响;紫外线肉眼看不见,有条件的场应定期测量灯管的输出强度,没有条件的可逐日记录使用时间,以判断是否达到使用期限;消毒时,房间内应保持清洁、干燥,空气中不应有灰尘和水雾,温度保持在 20℃以上,相对湿度不宜超过 60％;紫外线不能穿透的表面(如纸、布等),只有直接照射的一面才能达到消毒目的,因而要按时翻动,使各面都能受到有效照射;长久在紫外线下工作,应戴防护眼镜,穿防护服,勿直视紫外线光源。

(3)紫外线灯消毒与灭菌的实际应用

①对空气的消毒　对空气消毒的紫外线灯,采用固定式安装,将灯固定吊装在天花板或墙壁上,离地面 2.5 米左右。灯管下安装金属反射罩,使紫外线反射到天花板上,安装在墙壁上的,反光罩斜向上方,使紫外线照射在与水平面呈 3°～80°角范围内,这样使上部空气受到紫外线的直接照射,而当上下层空气对流交换(人工或自然)时,整个空气都会受到消毒(图4-4)。通常每 6～15 米³空间用 1 支 15 瓦的紫外线灯。

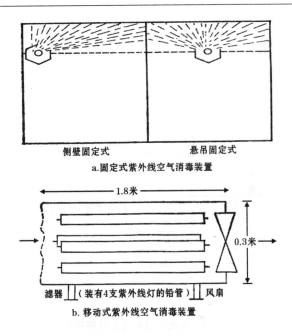

侧壁固定式　　　　　　悬吊固定式

a.固定式紫外线空气消毒装置

滤器　（装有4支紫外线灯的铅管）　风扇

b.移动式紫外线空气消毒装置

图4-4　紫外线空气消毒装置

　　对实验室、更衣消毒室空气的消毒,在直接照射时每9米^2 地板面积需要1支30瓦的紫外线灯。人员进出场区,要通过消毒间,经过紫外线照射消毒(图4-5)。

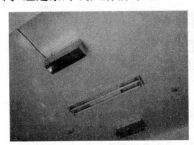

图4-5　紫外线灯消毒

②对水的消毒 紫外线可对水消毒,优点是水中不必添加其他消毒剂或提高温度。紫外线在水中的穿透力随深度的增加而降低。水中杂质对紫外线穿透力的影响更大。

对水消毒的装置,可呈管道状,使水由一侧流入,另一侧流出;紫外线灯管不能浸于水中,以免降低灯管温度,减少输出强度;流过的水层不宜超过2厘米。

直流式紫外线水液消毒器,使用30瓦灯管1支,每小时可处理约2 000升水(图4-6)。

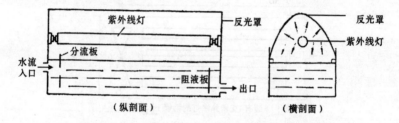

图4-6 直流式紫外线水液消毒器

套管式紫外线水液消毒器,使水沿外管壁形成薄层流到底部,接受紫外线的充分照射,每小时可生产150升无菌水(图4-7)。

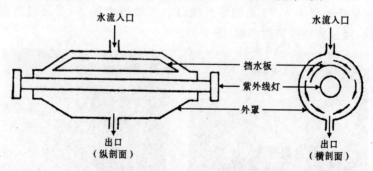

图4-7 套管式紫外线水液消毒器

(二)化学消毒法

使用化学药剂进行消毒,称为化学消毒法。化学消毒的效果取决于许多因素,如病原体抵抗力的强弱、所处环境的性质、温度、湿度等,药剂的浓度、作用时间。选择化学消毒剂时,应考虑选择对该病原的消毒力强,对人、畜的毒性小,不腐蚀设备,易溶于水,作用比较稳定,不易失效,价廉易得,使用方便等。

1. 理想的化学消毒剂具备条件 ①杀菌谱广;②有效浓度高;③作用速度快;④性质稳定;⑤易溶于水;⑥可在低温下使用;⑦不易受有机物、酸、碱及其他物理、化学因素的影响;⑧对物品无腐蚀性;⑨无色、无味、无臭,消毒后易于除去残留药物;⑩毒性低,不易燃烧爆炸,使用无危险性;⑪价格低廉;⑫便于运输,可以大量供应。

目前尚未发现一种消毒剂可以满足上述 12 个条件。因此,要根据消毒的目的和消毒对象的特点,选用合适的消毒剂。

2. 消毒剂的作用水平 各种消毒剂可按其作用水平分为高、中、低三类。这样分类便于根据消毒目的选择合适的消毒剂。

(1)高水平消毒剂 可以杀灭一切微生物。例如甲醛、戊二醛、过氧乙酸、环氧乙烷、有机汞化合物等。

(2)中等水平消毒剂 除不能杀灭细菌芽孢之外,可杀灭其他各种微生物。例如乙醇、酚、含氯消毒剂、碘消毒剂等。

(3)低效消毒剂 可杀灭细菌繁殖体、真菌和亲脂性病毒,但不能杀灭细菌芽孢、结核杆菌和亲水病毒。例如新洁尔灭、洗必太等。

3. 消毒剂的种类

(1)碱类 主要包括氢氧化钠、生石灰等,一般具有较高的消毒效果,适宜环境消毒,但有一定的刺激性及腐蚀性。价格较低。

(2)氧化剂类　主要通过氧化作用来实现消毒,但易受温度、光线的影响蒸发失效,消毒力受污物影响最大。包括高锰酸钾、过氧化氢、过氧乙酸等。

(3)卤素类　所有卤素均具有显著的杀菌性能,氟化钠对真菌及芽孢有强大的杀菌力,1%～2%碘酊常用作皮肤消毒,碘甘油常用于黏膜消毒。细菌芽孢比繁殖体对碘还要敏感2～8倍。卤素类易受温度、光照、蒸发等条件影响而失效。而且其消毒力受污物的影响大,在强酸下才有效,碱性条件下效果降低。包括漂白粉、碘酊、氯胺、84消毒液、菌毒净、优氯净等。

(4)复合酚类　酚能抑制和杀死大部分细菌的繁殖体。真菌、病毒对石炭酸不太敏感。对位、间位、邻位甲酸的杀菌力强,混合物称三甲酚。来苏儿比酚杀菌力大4倍。酚类消毒能力较强,但具有一定的毒性、腐蚀性,污染环境,价格也较高。包括菌毒敌、农家福、菌毒灭、来苏儿、苯酚、鱼石脂、甲酚等。

(5)醛类　戊二醛、环氧乙烷、甲醛等属高效消毒剂,其气体或液体均有强大杀灭微生物的作用,但对皮肤、黏膜有较强的刺激作用。

(6)季铵盐类　消毒-99、百毒杀等,对细菌繁殖体和亲脂性病毒有较好的杀灭作用。但对细菌芽孢和亲水性病毒不能杀灭。

4. 影响化学消毒效果的因素

(1)浓度和数量　消毒剂必须有一定的有效浓度。一般来说,浓度越高杀菌作用越强,低于有效浓度就起不到杀菌作用。有了适当的浓度,还需要一定的数量,如对地面消毒每平方米需要1升消毒液,若是只用喷雾器喷洒1遍,就达不到消毒目的。

(2)作用时间　消毒剂与微生物接触时间越长,灭菌效果越好;接触时间太短,灭菌效果欠佳。被污染程度高,灭菌所需时间就长。

（3）环境 pH 值　pH 值对消毒效果的影响：一是影响消毒剂，改变其溶解度、离解程度和分子结构；二是影响微生物，微生物适宜 pH 值是 6～8，酚、次氯酸、苯甲酸、脱水乙酸是以非离解形式起杀菌作用的，所以在酸性环境中其杀菌作用加强。戊二醛在酸性环境中稳定，而在碱性环境中杀菌作用强。

（4）温度和湿度　消毒药液温度越高杀菌力越强，一般温度增加 10℃，消毒效果可增强 1～2 倍。例如，用热苛性钠溶液、热草木灰水消毒效果好。

湿度对许多气体消毒剂的作用有显著的影响，每种气体消毒剂都有其适宜的相对湿度范围。

（5）有机物　血清、血液、脓液、痰液、泥土、食物残渣、粪便等，都属于有机物。有机物与消毒剂结合成为不溶解的化合物，或成为菌体的保护膜而降低其杀菌作用，因此消毒前要先清除被消毒物表面的粪尿、分泌物、垫草等，以便充分消毒。

（6）微生物特点　不同微生物对药物的易感性差异很大，如芽孢和繁殖型细菌、革兰氏阳性菌和阴性菌、病毒和细菌之间所呈现的易感性和耐药性都不相同。病毒之间，细菌之间的差异也很大。因此，针对微生物选择消毒药物。

（7）拮抗作用　消毒药物配合使用时，注意产生拮抗作用而降低消毒效果。

5. 常用化学消毒方法

（1）熏蒸消毒　熏蒸消毒应在消毒对象密闭的情况下进行，将消毒药物加热或用化学方法使药物产生气体进行熏蒸消毒。

甲醛气体具有广谱、高效杀菌作用，且使用方法简单、方便，对消毒物品无损害，对人安全。甲醛气体熏蒸消毒方法如下。

①喷雾法　用细粒子喷雾器将甲醛溶液喷洒在兔舍内，使其蒸发气化。加热甲醛溶液，可加速其气化，并可提高舍内温、湿度。若加入冷的 40％甲醛，则应加入等量工业乙醇以防止甲

醛聚合。

②煮沸 40％甲醛法 用量一般为 15 毫升/米^3,视舍内湿度情况,必要时可加入 2～6 倍水,使相对湿度保持在 70％～90％。

③氧化法 利用氧化剂高锰酸钾与甲醛发生化学反应,产生大量热,促使甲醛气化,反应时加入一定量的水。

40％甲醛、高锰酸钾和水的用量为 2∶1∶1。操作时将 40％甲醛和水放入非金属容器中,兔舍面积较大时,分放多点,密闭所有门窗,由里向外逐个加入高锰酸钾,人员迅速离开,关闭门窗,密闭 24 小时后通风换气,至无刺激气味后进兔。

(2)浸泡消毒 将消毒药品按要求配成消毒药液,浸泡一定时间进行消毒,常用于兔笼底板、器械、车辆轮毂的消毒(图 4-8)。

(3)喷雾消毒 将消毒药物按要求稀释,用喷雾器喷洒空间、兔笼、墙壁等,使消毒药液分布均匀(图 4-9)。

图 4-8 浸泡消毒池　　　　**图 4-9 喷雾消毒**

(4)饮水消毒 将消毒药物按规定比例加入水中混匀,消毒一定时间后使用。

6. 消毒的要点 消毒是否真正有效,现在已经不成问题。问题是选用哪种消毒剂和实际的操作方法是否正确。有时,虽然消过毒,但疾病仍未得到控制,也有疏忽大意或不负责任的原因。这就要求管理者不应仅限于发号施令,而应实地去检查执行情况和结果。同时,要注意在这之前制定出工作人员切实可行的工作程序和选择不损害工作人员健康的消毒剂等。

(1)消毒液的浓度要适当　消毒药液的浓度是决定杀病毒力、杀菌力的首要条件。消毒药杀病毒、杀菌的基本原理是消毒药的微小粒子(分子)冲撞菌体,从而使菌体外壁受到破坏,细菌成分变性。如果消毒药不与菌体接触,就不可能发挥杀菌力。消毒药液中浮游着许多消毒药粒子,这些粒子与细菌冲撞才能起到杀菌作用,因此消毒药粒子越多就越能更迅速的杀死更多的细菌。

消毒药的效力是依其成分而异的,在实际使用时的有效浓度一般是由厂家在考虑安全性、经济性的基础上规定的。在使用时一定要遵守这种规定。浓度是其首要问题,此外在稀释药液时如果药液黏度大,不易溶于水,便应充分搅拌使其混合,否则会造成消毒药液的浓度不均匀。如果用动力喷雾器,加进药液后,最好使药液在机器中转动2～3分钟后再进行喷雾。

(2)要有足够量的消毒液　兔舍消毒时,每平方米的药液喷洒量与消毒效果关系密切。喷洒药液量要能够湿润物体本身,否则,消毒药的粒子就不能与细菌或病毒直接接触,消毒药也就不能发挥作用。无论多强的消毒药,若使用的药量尚不能湿润物体,消毒效力就不会均匀,仅仅是一种不完全的消毒而已。一般兔舍的水泥地面消毒,每平方米需要1～1.5升的药液,这么多量能在地面上流动。如果喷洒药液之前未经充分冲洗,则需要3升以上的药液,每平方米4.5升的药液效果最佳。这一点不仅在兔舍消毒,对器具、笼具的消毒也同样适用。

(3)需要充分浸泡　使消毒药液发挥作用需要一定的时间。因为消毒药的粒子与细菌冲撞而达到杀菌作用是需要一定的时间的。污染越重,药液量越少,杀菌力越弱,需要的时间越长。

(4)除去污物　粪便等污物会妨碍消毒药粒子与细菌冲撞,因而影响杀菌力。无论哪种消毒药都会因有机物的存在而降低效力。为了充分发挥药效,必须做到预先清扫并洗净污物。而影响水洗效果的主要因素又是水量的多少以及是否做到擦洗干净。如果使用碱水冲洗,应注意选择在碱性条件下效力增强的消毒药消毒,如阳离子活性剂类等。

7. 兔舍带兔消毒 虽然采用正确的方法进行了消毒,往往家兔还会发生疾病,这并不意味着根本没有消毒效果,而是消毒效果得不到长久保持。尽管墙壁和地面上喷洒药液很彻底,但喷洒的药液时间长了会变质以至于逐渐失效。阳离子活性剂类药液性质稳定,不易变质,只要有被膜附着就可以保持相当长的效力,但时间长了被膜也会脱落,药液失效。对付这种情况可采用兔舍带兔消毒和饮水消毒的方法。

兔舍带兔消毒不仅可以防暑降温、增加湿度,还能杀死和减少兔舍内飘浮的病毒和细菌。沉降舍内的尘埃。抑制氨气的发生和吸附氨气。

(1)兔舍带兔消毒的准备工作

①消毒前兔舍、兔群的准备 清扫兔舍,保证舍内洁净无尘,以免降低消毒效果;给兔补充维生素和电解质,可以饮用 0.1％维生素 C 溶液。

②消毒液的选择 应选择高效低毒、杀菌力强、刺激性小的消毒药,如百菌灭、百毒杀、二氯异氰尿酸钠、抗毒威等。

③消毒次数的确定 根据兔的生长发育期确定消毒次数。仔兔开食前每隔 2 日消毒 1 次;开食后断奶前,每隔 4～5 日消毒 1 次;幼兔期每周消毒 1 次;青年兔每 15 日消毒 1 次。免疫接种前后 3 天停止消毒。兔群发生疫病时可采取紧急消毒措施。

④消毒器械的选择 消毒液的雾滴粒径应控制在 50～80 微米,所以应选择质量好的喷雾器。背负式喷雾器省力,价格适中,中小型兔场选用较为实用。

（2）兔舍带兔消毒的注意事项

①消毒液的配制　严格按产品说明书现用现配，不得改变浓度，不得久置不用。配制消毒液的水要清洁，夏季用凉水、冬季用温水。

②喷雾数量　以兔体和兔笼表面见潮为好。门窗关闭后喷雾，结束后开窗通风换气，要保持舍内空气清新干燥。

③消毒前的要求　选择几种消毒药交替使用，以期杀灭各种病原微生物。

④发生仔兔黄尿病的兔舍　可以每天消毒 1 次，连续消毒 7 天。

三、兔场常用消毒项目

1. 兔舍消毒　兔场要建立严格的消毒制度。兔舍、兔笼及用具每季度或在一批兔全部出场后进行 1 次大清扫、大消毒。消毒前彻底清扫污物，用清水冲洗干净，干燥后消毒。根据病原体的特性、被消毒对象的性能与经济价值等因素，选择消毒剂和消毒方法。平常每 7～10 天带兔喷雾消毒 1 次。

工作人员进场时应通过消毒室进行紫外线消毒和喷雾消毒。

兔舍地面用水冲洗干净，待干后用 3％来苏儿、10％石灰乳或 30％草木灰水洒在地面上。兔笼底板可浸泡在 5％来苏儿溶液中消毒。对环境、笼舍等喷雾消毒时，可选用 0.05％百毒杀、1％～1.3％农福、0.3％～0.5％过氧乙酸等药物，用不同雾粒大小的喷雾器喷雾消毒。兔的饲槽等用具可放在消毒池内用 5％来苏儿或 1∶200 杀特灵溶液浸泡 2 小时左右，然后用清水刷洗干净，待用。木制或竹制兔笼及用具，可用 2％～5％热碱水洗刷，顶棚或墙壁可用 10％～20％石灰乳刷白。金属物品最好用火焰喷灯消毒，为防止腐蚀，不得使用酸性或碱性消毒剂。兔场外周地面消毒，可用 10％～20％石灰乳喷洒（图 4-10）。

图 4-10 消毒通道

2. 兔舍空气消毒 一般每 100 米³ 用乳酸 12 毫升,加水 20 毫升,加热蒸发,消毒 30 分钟;或每立方米用 40％甲醛 15 毫升,加水 20 毫升加热蒸发,消毒 4 小时;或每立方米用 1～3 克过氧乙酸,配成 5％～8％的溶液加热熏蒸,密闭 1～2 小时,兔舍空气相对湿度 60％～80％。

3. 兔舍内驱虫 驱除兔舍内的蜱、虱、蝇、螨等,可用除虫菊酯、敌敌畏、马拉硫磷等,喷洒药物后,须放净气味后才能转入家兔。

4. 粪便消毒 及时清除兔舍内粪便和垃圾,集中堆置于兔场下风口的化粪池。用焚烧法、掩埋法、化学消毒法和生物热消毒法消毒。

5. 污水消毒 少量污水,可挖一个深 1 米左右的土坑,将污水倾入,等渗下后进行掩埋。或按污水的 10％～20％加入生石灰,搅拌消毒污水,渗下后掩埋。

6. 车辆、工具消毒 先进行机械清除,再用含有 2％～5％活性氯的漂白粉溶液,或 0.05％～0.5％及 0.5％以上的过氧乙酸溶液,或 2％苛性钠热溶液喷洒洗涤(图 4-11)。

7. 衣服消毒 凡接触病死家兔及其排泄物的人员,所穿的衣服、鞋子都应消毒。可用 1％苛性钠溶液或 1％甲醛溶液喷雾,也

图 4-11　进场车辆消毒

可用 0.5％苛性钠溶液或 20％热草木灰水浸泡 2～4 小时,而后清洗。一般污染细菌的衣物,可用 5％～8％来苏儿(或臭药水)浸泡 2～4 小时,而后清洗,也可将污染衣物放入专用锅内加水煮沸消毒。

8. 手的消毒　除掉手上的一般微生物,常用搓洗或刷洗法。即用热水、肥皂或加手刷进行除菌,除菌法可以把手上 90％以上的微生物除掉,所以是非常有意义的方法。正确洗手必须注意:①最好用温水或流水;②最好用具有消毒效果的肥皂(如含石炭酸等),普通肥皂(香皂)也可;③使用刷子等用具;④要养成在洗手过程中,用水龙头冲洗干净的习惯;⑤用干燥清洁的毛巾擦手。接触过病死家兔及其排泄物的人员,应用 0.5％苛性钠溶液、0.5％甲醛溶液、20％草木灰水、0.2％过氧乙酸溶液等洗手消毒(病毒病、细菌病);或用 3％来苏儿(或臭药水)溶液或 0.1％新洁尔灭溶液洗手消毒(图4-12)。

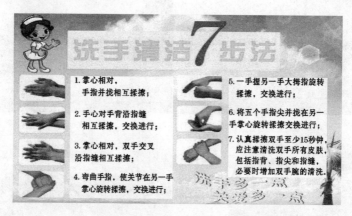

图4-12 洗手清洁七步法

9. 防治器械消毒 治疗用过的注射器械、刀、剪、镊子等,应进行煮沸或干烤消毒;体温表可用1‰苛性钠溶液浸泡,再用清水冲洗;保定器械等可用2‰苛性钠溶液浸泡消毒。

第五章　兔场免疫接种技术

一、制定科学的免疫程序

免疫是动物体的一种生理功能,动物体依靠这种功能识别"自己"和"非己"成分,从而破坏和排斥进入机体的抗原物质,或动物体本身所产生的损伤细胞等,以保持动物体的健康。免疫是当前防控动物疫病的有效措施,是避免和减少动物疫情发生的关键。

免疫程序是根据当地疫情、家兔机体状况(主要是指母源或后天获得的抗体消长情况)以及现有疫(菌)苗的性能,为使家兔机体获得稳定的免疫力,选用适当的疫苗,安排在适当的时间给家兔进行免疫接种的免疫计划。一个地区、一个养殖场(户)可能发生多种动物疫病,而可以用来预防这些疫病的疫苗性质又不尽相同,免疫期长短也不一,因此需要根据各种疫苗的免疫特性合理地制定免疫接种剂量、接种时间、接种次数和间隔时间。在日益发展的大型工业化饲养家兔的情况下,兽医科技人员在制定家兔传染病防疫计划时,免疫程序设计的是否合适是直接影响家兔防疫效果的一个重要因素。

没有放之四海而皆准的免疫程序,免疫程序是动态的,随季节、气候、疫病流行状况、生产过程的变化而改变。因此,要根据每个兔场的具体情况,确定免疫对象,制定免疫程序。建立科学的免疫程序在兔病防治中占有重要的地位,也是保证养兔成功的关键。

(一)制定免疫程序需要考虑的因素

1. 免疫目的 不同用途、不同代次的家兔,其免疫要达到的目的不同,所选用的疫苗及免疫次数也不尽相同。

2. 疫病流行情况及严重程度 家兔疫病种类多、流行快、分布广,养殖场(户)在制定免疫程序时首先应考虑当地家兔疫病流行情况和严重程度。一般情况下,常发病、多发病而且有疫苗可预防的应重点免疫,而本地从未发生过的疫病,即使有疫苗可免疫,也应慎重使用。

3. 抗体水平 家兔体内存在的抗体根据来源可分为两大类:一类是先天所得,即通过种兔免疫传递给后代的母源抗体;另一类是通过后天免疫产生的抗体。家兔体内的抗体水平与免疫效果有直接关系,一般免疫应选在抗体水平到达临界线时进行。但是抗体水平一般难以估计,有条件的养殖场(户)应通过监测确定抗体水平;不具备条件的,可通过疫苗的使用情况及该疫苗产生抗体的规律去估算抗体水平。

当母源抗体水平高且均匀时,推迟首免时间;当母源抗体水平低时,首免时间提前;当母源抗体水平高低不均匀时,需通过加大免疫剂量使所有家兔均获得良好的免疫应答。

4. 疫苗种类、特性和免疫期 疫苗一般分为弱毒活苗、灭活苗或单价苗、多价苗、联苗等。各种疫苗的免疫期及产生免疫力的时间是不相同的,设计免疫程序时应考虑各种疫苗间的配合或相互干扰,采用合理的免疫途径及疫苗类型来刺激机体产生免疫力。一般情况下应首选毒力弱的疫苗作基础免疫,然后再用毒力稍强的疫苗加强免疫。

5. 免疫方法 设计免疫程序时应考虑疫苗的免疫方法,正规疫苗生产厂家提供的产品都附有使用说明,免疫应根据使用说明进行。一般活苗采用饮水、喷雾、滴鼻、点眼、注射免疫,灭活苗则需肌内或皮下注射。合适的免疫途径可以刺激机体尽快产生免疫力,而不合适的免疫途径则可能导致免疫失败,如油乳剂灭活苗不能做饮水、喷雾,否则易造成严重的呼吸道或消化道障碍。同一种疫苗用不同的免疫途径所获得的免疫效果也不一样。

6. 家兔的生长阶段　家兔在不同生长阶段进行不同疫苗的免疫接种,包括所使用的疫苗种类、疫苗接种量及疫苗免疫方法等均有不同。

7. 季节因素　有些疫病发病有一定的季节性和阶段性,制定免疫程序时,应根据这些疫病的发病季节特点,既要避免疫苗浪费和减少人工,又要起到较好的免疫效果。

8. 免疫效果　一个免疫程序应用一段时间后,免疫效果可能会变得不理想。因此,应根据免疫抗体监测情况和生产成绩适当调整,使免疫更科学、更合理。养殖场(户)每半年至少进行一次免疫抗体的检测,以便评估免疫效果,并合理调整免疫程序。一般超过70%以上的家兔抗体水平是合格的,则说明该种疫苗具有保护力。

(二)兔场免疫程序参考

1. 毛兔、獭兔免疫程序

(1)仔兔、幼兔的免疫　参考表5-1。

表5-1　仔兔、幼兔免疫程序表

免疫病种	免疫日龄	疫苗种类	免疫方法	免疫剂量	备　注
兔瘟、多杀性巴氏杆菌病	30~40	二联灭活苗	皮下注射	2毫升	
兔瘟、多杀性巴氏杆菌病、产气荚膜梭菌病	60~65	三联灭活苗	皮下注射	2毫升	

（2）非繁殖青年兔、成年产毛兔免疫程序（每年2次定期免疫）参考表5-2。

表5-2　非繁殖青年兔、成年产毛兔免疫程序表

免疫病种	疫苗种类	免疫方法	免疫剂量	备　注
兔瘟、多杀性巴氏杆菌病、产气荚膜梭菌病	三联灭活苗	皮下注射	2毫升	第一次
兔瘟、多杀性巴氏杆菌病、产气荚膜梭菌病	三联灭活苗	皮下注射	2毫升	间隔6个月第二次

2. 肉兔免疫程序

（1）商品肉兔（70日龄出栏）免疫程序　参考表5-3。

表5-3　70日龄出栏商品肉兔免疫程序表

免疫病种	免疫日龄	疫苗种类	免疫方法	免疫剂量	备　注
兔瘟、多杀性巴氏杆菌病	30～40	二联灭活苗	皮下注射	2毫升	二选一
兔瘟	30～40	灭活苗	皮下注射	2毫升	

（2）商品肉兔（70日龄以后出栏）免疫程序　参考表5-4。

表5-4　70日龄以后出栏商品肉兔免疫程序表

免疫病种	免疫日龄	疫苗种类	免疫方法	免疫剂量	备　注
兔瘟、多杀性巴氏杆菌病	30～40	二联灭活苗	皮下注射	2毫升	二选一
兔瘟、多杀性巴氏杆菌病	60～65	二联灭活苗	皮下注射	1毫升	
兔瘟	60～65	灭活苗	皮下注射	1毫升	

3. 繁殖母兔、种公兔免疫程序（每年 2 次定期免疫） 参考表 5-5。

表 5-5　繁殖母兔、种公兔免疫程序表

免疫病种	免疫日龄	疫苗种类	免疫方法	免疫剂量	备　注
兔瘟	第一次	灭活苗	皮下注射	1毫升	第一种方案
兔瘟、多杀性巴氏杆菌病、产气荚膜梭菌病		三联灭活苗	皮下注射	2毫升	
兔瘟、多杀性巴氏杆菌病		二联灭活苗	皮下注射	2毫升	第二种方案
产气荚膜梭菌病		灭活苗	皮下注射	2毫升	
兔瘟	间隔6个月第二次	灭活苗	皮下注射	1毫升	第一种方案
兔瘟、多杀性巴氏杆菌病、产气荚膜梭菌病		三联灭活苗	皮下注射	2毫升	
兔瘟、多杀性巴氏杆菌病		二联灭活苗	皮下注射	2毫升	第二种方案
产气荚膜梭菌病		灭活苗	皮下注射	2毫升	

4. 家兔（不分类）免疫程序 参考表 5-6。

表 5-6　家兔不分类免疫程序表

免疫病种	免疫日龄	疫苗种类	免疫方法	免疫剂量	备　注
大肠杆菌病	20～25	多价灭活苗	皮下注射	2毫升/只	可断奶后加强免疫2毫升
多杀性巴氏杆菌病、波氏杆菌病	30～35	二联灭活苗	皮下注射	2毫升/只	
兔瘟首次免疫	40～45	灭活苗	皮下注射	1毫升/只	之后每年春、秋季各免疫1次2毫升/只
兔瘟二兔	60	灭活苗	皮下注射	2毫升/只	

续表 5-6

免疫病种	免疫日龄	疫苗种类	免疫方法	免疫剂量	备 注
产气荚膜梭菌病	50～55	(A型)灭活苗	皮下注射	2毫升/只	
	断奶后和每年春、秋	(A型)灭活苗	皮下注射	2毫升/只	常发兔场每年两次
乳房炎	母兔配种前	灭活苗	皮下注射	3毫升/只	常发场每年2～3次

二、疫 苗

疫苗是将病原微生物(如细菌、立克次氏体、病毒等)及其代谢产物,经过人工减毒、灭活或利用基因工程等方法制成的用于预防传染病的自动免疫制剂。疫苗保留了病原菌刺激动物体免疫系统的特性。当动物体接触到这种不具伤害力的病原菌后,免疫系统便会产生一定的保护物质,如免疫激素、活性生理物质、特殊抗体等;当动物再次接触到这种病原菌时,动物体的免疫系统便会依循其原有的记忆,制造更多的保护物质来阻止病原菌的伤害。

(一)兔用主要疫(菌)苗及其使用方法

1. 兔瘟(又称兔病毒性出血症)疫苗 用于预防兔瘟病,目前市售的多为组织灭活苗,是一种均匀的混悬液。对1月龄以上的断奶兔皮下注射1毫升,7天产生免疫力,免疫期为6个月。成年种兔每年接种2次。保存温度不宜过高,也不能冰冻,否则失效,4℃～6℃避光保存。

2. 兔黏液瘤病疫苗 用于预防兔黏液瘤病,是一种兔肾细胞弱毒疫苗。按瓶签说明,用生理盐水稀释,对断奶仔兔皮下或肌内注射1毫升,注射后4天产生免疫力,免疫期为1年。

3. 巴氏杆菌病灭活苗 用于预防巴氏杆菌病。对1月龄以上的断奶兔皮下注射 1 毫升,7 天产生免疫力,免疫期为 6 个月。种兔每年接种 2 次。

4. 支气管败血波氏杆菌灭活苗　用于预防支气管败血波氏杆菌病。对产前 2～3 周的妊娠母兔和配种时的青年兔或成年兔及断奶前 1 周的仔兔,一律皮下或肌内注射 1 毫升,7 天产生免疫力,免疫期为 6 个月。

5. 魏氏梭菌病灭活苗　用于预防魏氏梭菌性肠炎。对 1 月龄以上的兔皮下注射 1 毫升,7 天产生免疫力,免疫期为 4～6 个月。种兔每年接种 2 次。

6. 兔伪结核病灭活苗　用于预防兔伪结核耶尔新氏杆菌病。对断奶前 1 周的仔兔及青年兔、成年兔一律皮下或肌内注射 1 毫升,7 天产生免疫力,免疫期为 6 个月。种兔每年接种 2 次。

7. 大肠杆菌病灭活苗　用于预防兔大肠杆菌病。对 20～30 日龄的仔兔,肌内注射 1 毫升,7 天产生免疫力,免疫期为 4 个月。

还有一些联苗,注射 1 次可预防 2 种及 2 种以上的疾病。如魏巴二联苗,同时预防魏氏梭菌病和巴氏杆菌病;巴瘟二联苗,同时预防巴氏杆菌病和兔瘟;魏瘟二联苗,同时预防魏氏梭菌和兔瘟。以上介绍的疫苗除黏液瘤疫苗需冰冻保存外,其他疫苗均不宜冰冻保存,应置于 4℃～8℃保存。接种时,需要皮下注射的以颈部皮下较好,注射前用碘酊或酒精局部消毒,以防感染化脓。

(二)疫苗的保存与使用

疫苗的免疫效果和免疫成败,除与疫苗本身的质量有关外,还取决于疫苗的保管与使用方法。

1. 保存方法　大部分疫苗最适宜的保存温度为 2℃～8℃,置于阴凉、干燥处并注意防霉。高温(35℃以上)和冷冻(2℃以下)都会导致疫苗变性失效从而影响免疫效果。

2. 运输方法　疫苗在运输途中,要避免阳光直射和高温,冬季要防冻(结冰)。夏、冬两季运送疫苗应用保温箱,夏天应在箱内放置冰块。

3. 计划免疫 规模兔场应制定适合本场的免疫程序,并根据兔场的生产规模采购疫苗。

4. 疫苗的使用 使用前应仔细阅读使用说明书,观察疫苗瓶有无破裂、霉斑和异物,封口是否完整;抽取疫苗液时轻轻摇匀;疫苗开封后应尽可能一次用完,如用不完则须用酒精消毒瓶塞后用蜡或胶布封闭胶塞针孔保存。

每次免疫前,应先用少量兔进行免疫注射预备试验,接种后观察1周,无异常表现方可进行全群免疫。凡体温升高或精神异常的病兔,妊娠后期母兔暂时不接种疫苗,待病愈后或产后进行补种;接种后出现1~2天的食欲不振是正常现象,若出现强烈反应或并发症时,应及时对症治疗。

三、免疫接种途径及方法

常用的兔用疫苗有11种,其中最常用的5~6种,兔的免疫接种方法应根据当地疫情、兔场的疫病情况,选用不同的疫苗。疫苗接种有以下几种方法。

(一)皮下接种

皮下接种一般在兔后颈部皮下进行(图5-1)。常用疫苗有:

1. 兔瘟疫苗 一般颈部皮下注射1~2毫升,7天左右产生免疫力,免疫期4~6个月。35~40日龄首免,55~60日龄加强免疫。以后每年免疫3次。

2. 葡萄球菌病灭活菌苗 母兔配种前皮下注射2毫升,7天后产生免疫力。免疫期6个月。

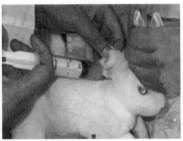

图 5-1　皮下接种疫苗

(二)肌内或皮下接种

常用疫苗有：

1. 兔巴氏杆菌病灭活苗　一般用 1 毫升,7 天左右产生免疫力,免疫期 4～6 个月。30 日龄首免,间隔 2 周加强免疫,以后每年免疫 2～3 次。

2. 波氏杆菌病灭活苗　一般用 1 毫升,7 天后产生免疫力,免疫期 4～6 个月。母兔妊娠后 1 周和仔兔断奶前 1 周注射,其他兔每年注射 2～3 次。

3. 魏氏梭菌病灭活苗　一般 30 日龄以上兔每只注射 1 毫升,7 天后产生免疫力,免疫期 4～6 个月。2 周后加强免疫,其他兔每年注射 2～3 次。

(三)肌内注射接种

常用疫苗有大肠杆菌苗,仔兔 20～30 日龄时注射 1 毫升,7 天后产生免疫力,免疫期为 4 个月(图 5-2)。

除免疫接种单苗之外,还有兔瘟-巴氏杆菌二联苗、巴氏-波氏二联苗、兔瘟-巴氏-魏氏三联苗等免疫接种更为方便快捷。但兔瘟接种必须先用单苗,以后才可用二联或三联苗。

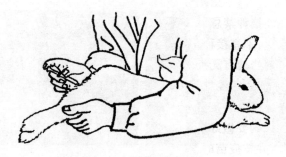

图 5-2　肌内注射接种

四、免疫接种的注意事项及接种后的观察

(一)免疫接种的注意事项

免疫接种是预防各种动物疫病所采取的综合性防控措施中十分关键的环节,定期搞好预防接种是控制传染病流行的重要措施,故必须遵守免疫程序,认真做好各类疾病的预防接种工作,对慢性消耗性及外科疾病等没有疫苗可预防的,主要采取淘汰病兔、净化兔场措施。

在免疫接种工作中,由于用法、用量或选择疫苗的种类不合适,往往出现一些失误,造成免疫效果较差,甚至无效。免疫接种时应注意如下事项:

1. 免疫时间的确定　首次免疫时间要根据母源抗体的高低及养兔场(户)场地的污染情况、家兔本身的健康状况(注意疫病隐性带毒或不典型发病的情况)、疫苗的品种、免疫持续时间等而定。

2. 注意家兔的健康状况　为了保证家兔的安全及接种效果,疫苗接种前,应了解家兔近期饮食、排泄等健康状况,必要时可对个别家兔进行体温测量和临床检查。只有健康动物才能接种;凡精神、食欲、体温不正常的、有病的、体质瘦弱的、幼小的、年老体弱的等有免疫接种禁忌证的家兔,不予接种或暂缓接种。孕前期、孕后期的家兔,不宜接种或暂缓接种。

应了解当地有无疫病流行,若发现疫情,则首先应安排对疾病紧急防疫,如无特殊疫病流行则按原计划进行定期预防接种。

3. 选择适宜的疫苗　疫苗质量直接关系到免疫接种的效果,对疫苗的采购要做好统一计划和安排,根据生产情况,要做到疫苗提前到位,并按疫苗的保存要求贮放。要避免在酷暑和寒冬购买疫苗。在选择疫苗时,一定要选择经过政府招标采购的疫苗或通过《药品生产质量管理规范》(GMP)认证的厂家生产的、有批准文号的疫苗,不要在一些非法经营单位购买,以免买进伪劣疫苗。

4. 注意无菌操作

(1)**器械消毒**　免疫注射过程应严格消毒,注射器应洗净,煮沸,针头应勤更换,更不得一把注射器混用多种疫苗。吸取疫苗时,绝不能用已给家兔注射过的针头吸取,可用一灭菌针头,插在瓶塞上不拔出、裹以挤干的75%酒精棉球专供吸附用,吸出的疫苗液不能再回注瓶内。吸取疫苗前,先除去封口的胶蜡,并用75%酒精棉球擦净消毒。

(2)**注射部位消毒**　注射部位用2%碘酊或75%酒精消毒,消毒时应逆毛消毒(如图5-2皮下注射疫苗)。

(3)**更换针头**　一兔一针头是理想的免疫操作状态,可有效地避免交叉污染,特别是紧急免疫或场内家兔有隐性感染疫病的情况时,至关重要。但家兔个体小,一兔一针头操作烦琐,实际中很难推行。所以,要掌握同一养兔场的家兔,根据实际情况勤换针头的原则。

5. 接种前后慎用药物　在免疫接种前、后1周,不要用抑制免疫应答的药物;对于弱毒菌苗,在免疫前、后1周不要使用抗菌药物;口服疫苗前后2小时禁止饲喂酒糟、抗生素渣(如林可霉素渣、土霉素渣等）、发酵饲料，以免影响免疫效果。但必要时在允许的情况下，可使用水溶性多维、电解多维、维生素 C 以防止应激反应，一般免疫前、后各使用 2～3 天。在进行灭活疫苗或病毒病的弱毒疫苗注射免疫时，也可考虑在饮水中添加预防性的抗菌药物。

6. 做好免疫接种记录　养兔场（户）或免疫接种操作人员须严格按要求，做好免疫记录，建立免疫档案。免疫档案作为养殖档案的重要组成，每个群体采用专页记录，记录的内容主要有：养兔场（户）名称、地址、联系电话，基本免疫程序（以上可为扉页），家兔日龄、数量、免疫病种、疫苗的名称、疫苗的来源、生产厂家、批次、接种时间、接种剂量、接种操作人签名、在备注栏说明家兔的健康状况等，同时记录免疫不良反应情况、添加多维或者使用抗菌药物等情况。

（二）疫苗接种后的观察

疫苗预防接种后，要加强饲养管理，减少应激，密切注意兔群反应。特别应注意观察接种部位，如出现化脓，一定要立即把表面的结痂去掉，清除伤口处的脓，涂上碘酊或者药水。然后打针消炎，可以打头孢曲松钠或者林可霉素。对反应严重的或发生过敏反应的可注射肾上腺素抢救。注意家兔的应激反应，遇到不可避免的应激时，可在饮水中加入抗应激剂，如水溶性多维、维生素 C 等，能有效缓解和降低各种应激反应，增强免疫效果。防疫员应在注苗后 1 周内逐日观察家兔的精神、食欲、饮水、大小便、体温等变化。

五、影响免疫效果的因素

家兔免疫接种是疫病防控的基础，是养兔业健康发展的前提，但很多原因致使家兔免疫接种失败，找出原因，采取有效措施，才能保证家兔免疫接种的质量。影响免疫效果的因素如下。

(一)疫苗的质量问题

疫苗的质量好坏直接影响免疫效果。影响疫苗质量的因素有:一是生产厂家生产的疫苗质量差,如效价或抗原量不够,油乳剂灭活疫苗乳化程度不高,抗原均匀度不好;二是由于运输、保存不当,造成疫苗失效或效力降低。

(二)疫苗使用不当

1. 疫苗稀释不当　没有按规定使用稀释液,没有按规定的稀释倍数和稀释方法稀释疫苗。

2. 操作不当　如针头过短、过粗,拔出针头后,疫苗从针孔溢出等。

3. 免疫程序不合理　包括不同疫苗的免疫程序以及同一疫苗的接种次数和时间的安排不恰当。家兔日龄小,免疫器官发育不健全,对免疫效果影响较大;不同疫苗之间相互干扰等。

(三)家兔机体因素

1. 母源抗体水平　当母源抗体水平较高时进行免疫接种,进入机体的疫苗被高水平的母源抗体中和,可造成免疫失败。

2. 疾病因素　免疫抑制性疾病,中毒病,代谢病都会影响机体对疫苗的免疫应答能力,从而影响免疫效果。

3. 营养、日龄、遗传因素　家兔发生严重的营养不良,会影响免疫球蛋白的产生,造成机体免疫功能下降,从而影响免疫效果。幼兔机体免疫器官尚未发育成熟,免疫应答能力不完全,过早免疫,免疫效果不好。由于遗传因素,不同品种、不同个体,对疫苗免疫应答能力有差异。

（四）环境因素

当环境中有大量的病原微生物存在时，使用任何一种疫苗，往往都不能达到最佳免疫效果。另外，环境卫生不良可造成家兔机体抵抗力下降，也可影响免疫效果。

饲养密度过大、舍内湿度过高、舍内通风不良、严重噪声、突然惊吓及突然换料等因素，会对兔群造成不同程度的应激，从而使其在一定时间内抗病力降低，影响免疫效果。

（五）其他因素

1. 化学物质的影响　许多重金属（铅、镉、汞、砷等）均可抑制免疫应答，从而导致免疫失败。

2. 滥用药物　许多药物能影响疫苗的免疫应答反应。使用细菌类活疫苗进行免疫时，为保证免疫效果，家兔在免疫前后 7～10 天，一定要禁止使用和在饲料中添加抗生素、磺胺类药物。

3. 器械和用具消毒不严　免疫接种时不按要求消毒注射器、针头及饮水器等，使免疫接种成了带毒传播，引发疫病流行。

五、免疫抗体检测

对于传染性强、危害性大的疾病，要加强预防，而接种疫苗是目前主要措施之一，可是疫苗免疫效果往往受到多种因素的影响，如疫苗质量、接种方法、家兔个体差异、免疫前是否感染某种疾病、免疫接种时间以及环境因素等。因此，在群体接种疫苗前后对抗体水平的监测十分必要。

免疫抗体监测常用方法有血凝抑制试验，即利用已知的兔瘟病毒的凝集抗原，检查兔体血清中的抗体水平，验证疫苗接种效果。在 V 形孔微量滴定板上，将已知阳性血清、待检血清和阴性血清经 56℃、30 分钟灭活后,分别做 1∶10、1∶20 等 2 倍连续稀释,加入已知的病毒凝集抗原,混合后在室温下作用 1～2 小时,再加入 1‰人的 O 型红细胞悬浮液,置室温下,30 分钟观察 1 次,1 小时后记录结果。以能完全抑制红细胞凝集的血清最高稀释度为该血清的血凝抑制效价。

第六章 药物预防和驱虫

一、药物预防

家兔比较娇弱,很多疾病无任何明显症状便大批死亡,慢性疾病的治疗效果也不理想。因此,必须坚持"养重于防,防重于治"的方针,除加强饲养管理,结合规范的药物预防与免疫,才能收到事半功倍的效果。兔预防药物一般分为两类:第一类是预防动物疾病、促进动物生长,可在饲料中长时间添加的饲料药物添加剂,产品批准文号为"兽药添字";第二类是防治动物疾病并规定疗程,仅通过混饲给药的药物,产品批准文号为"兽药字"。未获农业部"兽药添字"、"兽药字"批准文号的饲料药物添加剂、兽药产品,一律不得添加到商品饲料中使用。兽用原料药不得直接加入商品饲料中使用,必须制成预混料添加于饲料中(图6-1)。

(一)药物的作用

药物作为饲料添加剂能促进和抑制肠道内微生物的生长和活性,抑制肠道微生物产生不利生产性能发挥的代谢产物(氨、酚类、芳香族化合物及胆酸的生物学转化等)。同时,还可预防临床症状不明显的肠道炎症,保证肠壁通透性,促进营养物质吸收,充分发挥生产性能。药物之间配合使用、药物与饲用微生物联合或配伍使用、药物与有机酸联合使用、药物与特定的矿物质元素配合使用,效果更加明显。

兽药添字

饲预字

兽药字

图6-1 产品批准文号

(二)药物的危害

药物的危害主要表现在使病原菌产生耐药性;在机体内残留,影响人和动物的免疫效果;超量使用会破坏肠道内的微生物平衡,为体外微生物的侵入、繁殖创造了条件,易产生致病菌的交叉感染。

(三)科学使用药物

合理使用药物,能充分发挥药物的积极作用,尽可能地避免和降低药物的不良影响。

1. 合理选用品种 饲料药物添加剂必须选择农业部发布的《饲料药物添加剂使用规范》中明确规定的药物品种。土霉素和金霉素等人兽共用抗生素虽然未禁止使用,也要尽量少选用,特别是肉兔生长后期不能选用。畜禽专用药物应用效果较为显著,且残留量低,不易产生耐药性,是饲料添加的较理想品种,如杆菌肽锌、黄霉素等。不要盲目选用高档及进口药物。

2. 使用适当剂量 药物的使用剂量对其作用效果影响较大,药物在饲料中添加量过少,药物浓度不足,起不到对病原微生物最低的抑制和杀灭作用;但量过大,作用效果则可能适得其反,造成兔消化道微生物菌群失调,引起消化紊乱,并可能产生中毒以及给治疗带来困难等后果。药物的使用剂量不是一成不变的,应根据兔生理阶段、饲养场所以及季节区域等实际因素灵活确定。

3. 科学的用药方案 长时间使用一种药物容易产生耐药性,降低作用效果,因此常采用轮换用药、穿梭用药和综合用药等方法给药。制定用药方案应结合药物品种、兔生长阶段、季节及饲养环境等因素综合考虑。

4. 联合使用抗生素 联合使用抗生素能扩大抗菌谱,增强抗菌作用。抗生素之间有四种作用,即相加作用、协同作用、拮抗作用和无关作用。抗生素之间有相加作用或协同作用的可以联合使用。在家兔的育龄期和病弱时联合使用抗生素,可增强动物的抗病能力。生长发育正常的家兔使用一种抗生素一般就能起到明显的促生长效果,因而不提倡联合使用抗生素。联合使用抗生素虽然增强了抗菌作用,但残留量增大,病原微生物的抗药性增强,微生物平衡体系破坏加重,因此抗生素的联合使用要特别谨慎。

5. 严格执行停药期 在肉兔上市前执行停药期,加之药物本身半衰期的作用,残留在肉兔体内的抗生素大大减少,可提高家兔产品的安全性。

6. 先进的混合工序 家兔预防、治疗药物的使用剂量非常小,一般每吨饲料中用几克至几十克。因此,使用前一定要稀释后预混,降低药物浓度,确保药物在饲料中混合均匀,避免家兔药物中毒,防止药物残留超标。科学的混合工序,首先保证选用性能较好的混合机、选择适用的药物载体、正确的混合程序、充足的混合时间、科学的检验方法以及严格的管理监督措施等。

(四)药物预防实例

仔兔 3 日龄滴服复方黄连素防仔兔黄尿病；15～16 日龄滴服痢菌净 3～5 滴/只，每天 1 次，预防胃肠炎；母兔产仔前、后内服复方新诺明片 1 片/只，每天 1 次，连用 3 天，或饮用葡萄糖 2 500 克、食盐 450 克、电解多维 30 克、抗生素 15 克对水 50 升的混合液。300 毫升/只、每天 1 次、连用 3 天。可预防乳房炎、子宫炎、阴道炎和仔兔黄尿病、同时能增强母兔体质，提高泌乳力。

16～90 日龄的仔兔、幼兔的饲料中每千克添加 150 毫克氯苯胍或 1 毫克地克珠利，可有效预防兔球虫病的发生。治疗量加倍，注意交替用药，交替期 2～3 个月。

产前 3 天和产后 5 天的母兔，每天每只喂穿心莲 1～2 粒、复方新诺明 1 片，可预防母兔乳房炎和仔兔黄尿病的发生。

二、驱　虫

(一)药物驱虫

家兔寄生虫病较多，要有效预防寄生虫病，必须采取综合防治措施，贯彻预防为主的方针，正确使用驱虫药物。

1. 正确选用驱虫药物　选用驱虫范围广、疗效高、毒性低的药物，同时考虑经济价值。寄生虫多为混合感染，应适当配合使用驱虫药物。

2. 用药剂量要准确　驱虫药物的使用量一定要准确，既要防止剂量过大造成家兔药物中毒，又要达到驱虫效果。一般第一次使用驱虫药物后 7～14 天再进行第二次驱虫。

3. 严格把握驱虫时间　实践证明，家兔空腹投药效果好，可在清晨饲喂前投药或投药前停饲一顿。

4. 先做小群试验 进行大群驱虫和使用新药物驱虫时,先进行小群试验,注意观察家兔的反应和药效,确定家兔安全后,再全群使用。避免由于驱虫药剂量过大、用药时间过长而引起家兔中毒,甚至引起死亡。

5. 阻断传染途径 驱虫同时将粪便集中收集发酵处理,防止病原扩散;消灭寄生虫的传播媒介和中间宿主;加强饲养管理,消除各种致病因素。

(二)常用驱虫药物

常用驱虫药物有抗球虫药、抗螨虫药。

1. 抗球虫药 常用的有氯苯胍、盐霉素、莫能菌素、球痢灵。

(1)氯苯胍 兔球虫病,如预防每千克饲料中需加 150 毫克氯苯胍,如治疗则需加 300 毫克。

(2)盐霉素 主治畜禽的球虫病。预防兔球虫病,每千克饲料中添加盐霉素 25 毫克,治疗则加 50 毫克。

(3)莫能菌素 预防兔球虫病,每千克饲料中添加 25 毫克,治疗则添加 50 毫克。

(4)球痢灵(又叫二硝苯甲酰胺) 预防量为每千克饲料中添加 125 毫克,治疗量为每千克饲料中添加 250 毫克。

2. 抗螨虫药 家兔螨虫病见图 6-2。抗螨虫药如下。

(1)敌百虫 配成 5% 溶液局部涂擦,1%～3% 溶液可用于药浴。

(2)溴氰菊酯 对兔螨虫有很强的驱杀作用。用棉籽油稀释 1 000 倍液涂擦于患部。

(3)氯戊菊酯 对兔螨虫有良好的杀灭作用。用水稀释 2 000 倍液涂擦患部。

(4)阿维菌素(又叫阿福丁) 防治兔螨病效果很好,每千克体重用 0.3 克口服,可预防半年。

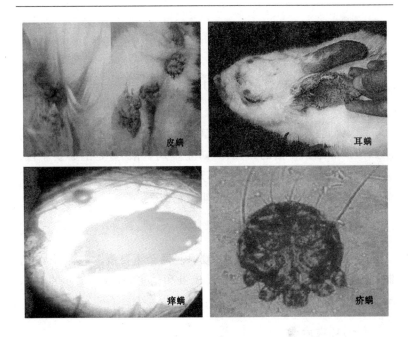

图 6-2　兔螨虫病

第七章　杀虫和灭鼠

蚊、蝇、虫、鼠是兔场传播疫病的主要载体,杀虫、灭鼠可成为阻断疫病和细菌传播的路径,是防止疫病扩散、蔓延的必要手段。常见的方法有:机械法(物理法),环保低效;药物法(化学法),效率高,有污染;电(磁)、光法;其他,如生物法等。

一、杀　虫

杀虫包含环境治理和灭虫(蚊、蝇)两个重要概念,辅以化学防制、物理防制和器械的设置,消灭成虫和幼虫,有效地减少虫(蚊、蝇)类的种群数量。

(一)环境治理

清除兔场杂物和垃圾,保持环境的整洁卫生。定期处理和改造蚊虫赖以生存、繁殖的环境,铲除虫、蚊、蝇滋生场所(图7-1)。

图7-1　治理环境

（二）化学（药物）防制

在兔舍和蚊、蝇、虫滋生及栖息场所,选用具有一定持续效果的杀虫药进行喷洒或喷雾,杀灭兔舍内外及周围环境中的蚊、蝇、虫(图 7-2)。

图 7-2　喷洒杀虫药

（三）物理防制

安装纱门、纱窗,可以有效地防止蚊蝇的侵入;设置灭蚊、蝇灯,可有效地减少蚊蝇数量;使用粘蝇板(带)、捕蝇笼等杀灭蚊蝇成虫(图 7-3)。

（四）生物防制及其他

水池可以使用生物杀虫剂,如苏云金杆菌 H-14 和球形芽孢杆菌对伊蚊和库蚊进行杀灭,二者对鱼类均无害;另外,采取人工捕虫灭虫(图 7-4)。

捕蝇笼

紫外线捕虫灯

太阳能捕虫灯

粘虫、蝇板

图 7-3　各种灭蚊、蝇方法

图 7-4　人工捕虫方法

二、灭　鼠

灭鼠方法分四类：机械灭鼠法，化学灭鼠法，生物灭鼠法，电

（磁）灭鼠及其他方法。

（一）机械灭鼠法

机械灭鼠法包括器械捕鼠、水灌洞法、挖洞法及翻粮草垛法。

1. 器械捕鼠 常用捕鼠器有木板夹、铁板夹、弓形夹和捕鼠笼等（图7-5）。优点是使用安全，鼠尸容易清理。为提高灭鼠效果，应满足以下条件：①断绝鼠粮；②诱饵须适合鼠种食性；③捕鼠器的引发装置须灵敏；④在鼠类经常活动场所布放，并于鼠类活动高峰前放好；⑤捕鼠器保持清洁，无异味。

另外，常用粘鼠盒灭鼠（7-6）。

图7-5 灭鼠器械

图7-6 粘鼠盒灭鼠

2. 挖洞法 适于捕捉洞穴构造比较简单或穴居的野鼠,如黄鼠、仓鼠等(图7-7)。

图7-7 挖洞灭鼠

3. 水灌法 适于洞穴简单、洞道向下较坚实和取水方便处所的鼠洞。

4. 翻粮草垛法 适用于以草垛作为临时性或季节性隐匿场所的鼠类,如秋季集中于田禾束中的黑线姬鼠,冬季集中于草垛中或粮垛中的小家鼠。

(二)化学灭鼠法

化学灭鼠法是大规模灭鼠法中最经济的方法。使用时应放置合理、注意防护,防止发生人、兔中毒事故。化学灭鼠法可分为毒饵法和毒气法。

1. 毒饵法

(1)常用灭鼠药 目前使用的肠道灭鼠药有急性和慢性灭鼠剂两类,前者多用于野外,后者多用于养殖场舍内(图7-8)。

①磷化锌 为灰色粉末,有显著蒜味,不溶于水,有亲油性。是速效药,配制毒饵浓度一般为2%～5%。易拒食,不宜连续使

图 7-8　饵料与标识

用。本品毒力的选择性不强，对人类与禽、畜毒性和对鼠类相近，故使用时须注意安全。

②毒鼠磷　本品为白色粉末或结晶，甚难溶于水，无明显气味，在干燥状态下比较稳定。毒鼠磷灭家鼠常用浓度为 0.5%～1%，灭野鼠可增加至 2%。适口性较好，再次遇到时拒食不明显。对人、畜的毒力强，使用时须注意安全。

③杀鼠灵　本品为白色结晶，难溶于水，易溶于碱性溶液成钠盐，无臭无味，相当稳定。是世界上使用最广泛的抗凝血灭鼠剂，是典型的慢性药，是当前最安全的杀鼠剂之一。使用浓度为 0.025%，因用量低，常先将纯药稀释成 0.5% 或 2.5% 母粉或配制成适当浓度的钠盐溶液，然后加入诱饵中制成毒饵。适口性好，毒饵易被鼠类接受，加之作用慢，不引起保护性反应，效果较好。但投饵期不应短于 5 天。

④敌鼠钠盐　本品为土黄色结晶粉末，纯品无臭无味，溶于乙醇、丙酮和热水，性质稳定。它的毒理作用与杀鼠灵基本相同。使用浓度为 0.01%～0.025%，野外灭鼠甚至用 0.1%～0.2%。敌鼠钠盐对鼠的毒力强于杀鼠灵，适口性不如杀鼠灵，但对人、畜毒力较大，使用时须注意安全。

(2)诱饵和添加剂　选择鼠类喜食物，目前大量使用的诱饵有：①整粒谷物或碎片，如小麦、大米、莜麦、高粱、碎玉米等；②粮食粉，如玉米面、面粉等，主要用于制作混合毒饵。通常用60％～80％玉米面加20％～40％面粉；③瓜菜，如白薯块、胡萝卜块等，主要用于制作黏附毒饵，现配现用。

配制毒饵从三方面严格要求：①灭鼠药、诱饵黏着剂等必须符合标准；②拌饵均匀，在使用毒力强的灭鼠药时应先配成适当浓度的母粉或母液再与诱饵混匀；③灭鼠药的浓度适中。

（3）毒饵投放　毒饵最好由受过训练的人员投放。投放方法有：①按洞投饵；②按鼠迹投放；③等距投放；④均匀投放；⑤条带投放（每隔一定距离在一条直线上投药，用于灭野鼠）。见图7-9。

图7-9　毒饵投放

灭鼠投饵采取晚上布放，白天收净，以免误伤儿童及禽、兽；利用毒饵盒投饵，毒饵盒可就地取材，毒饵盒的放置一般不超过5天，若5天以上无鼠入内，应变动地点。灭鼠时，每栋兔舍放毒饵盒1～2个即可,地点合适,初期勤检查,及时补充新鲜毒饵。鼠密度下降后,每月检查1次,以保证安全。

2. 毒气法　毒气灭鼠有两种类型:化学熏蒸剂和烟剂。常用化学熏蒸剂为磷化铝,以及不同配方的烟剂(图7-10)。

图7-10　熏蒸剂吹放机

(三)生物灭鼠法

用于灭鼠的生物包括各种鼠的天敌和致病微生物,后者在目前很少应用,有人甚至持否定态度。家猫虽可灭鼠,但家猫可传播鼠疫及流行性出血热,故在这两种病的疫区不能靠猫灭鼠。野生天敌中鹰和蛇应加以保护。

(四)电(磁)灭鼠和其他方法

驱鼠器又称"电子猫",比传统灭鼠更方便、快捷、安全、有效。采用现代微电子技术手段,间歇、交替地产生极低频电磁波、超声波和红外线,作用于老鼠的听觉系统和神经系统,使其产生不适和不快,而逃离现场。即使老鼠一时不能逃走,也会无精打采,食欲不振,失去繁殖能力和侵害能力。此法对人体无害(图7-11)。

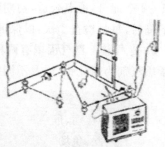

电击法灭鼠

电磁灭鼠（电子猫）

图 7-11　电磁法灭鼠

第八章 兔场废弃物的无害化处理

兔场的废弃物主要有病死家兔、家兔排泄物及其垫料、废水等,其具有传播疾病、危害食品安全、破坏生态环境、冲击经济秩序四大危害。因此,兔场对养殖生产废弃物的无害化处理意义非常重大,并且势在必行。

兔场废弃物的处理应遵从"减量化、无害化、资源化(肥料化、能源化、饲料化)"的原则,减轻养殖场对环境的污染,变废为宝(图8-1)。

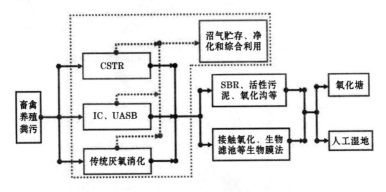

图 8-1 粪污处理示意图

注:CSTR 连续搅拌槽、IC/UASB 厌氧罐三相分离器、SBR 序批式活性污泥法

一、粪尿处理

粪便的无害化处理方式主要有物理方法、化学方法、微生物发酵法等。

家兔粪尿的主要处理方式有厌氧处理(沼气法)、好氧处理、堆肥法、饲料化。

1. 厌氧处理(沼气法) 目前比较成熟的粪便厌氧处理方法是沼气综合利用工艺——利用沼气设施对污染物进行厌氧消化降解,分离出的固态物处理后还田"消化"。厌氧处理的优点:处理的最终产物恶臭味减少,产生的甲烷气可以作为能源利用(图8-2)。

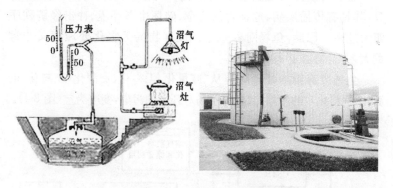

图 8-2 厌氧发酵(沼气)设施

2. 好氧处理 好氧处理是在有游离氧(分子氧)存在的条件下,好氧微生物降解有机物,使其稳定、无害化的处理方法(图8-3)。

图 8-3 好氧处理

3. 堆肥法

（1）土地还原法 兔粪直接还田，改良土壤、提高农作物产量。

（2）腐熟堆肥法 堆肥发酵处理是目前畜禽粪便处理和利用较为传统、可行的方法，运用堆肥腐熟，可以在较短的时间内使粪便减量、脱水、灭菌，取得较好的处理效果（图8-4）。

图8-4 腐熟堆肥法

（3）生物处理法 利用微生物无害化活菌制剂发酵技术处理兔粪，产生无害化生物有机肥，是科学、理想、经济实用的方法，见图8-5，图8-6。

图8-5 兔粪发酵池、搅拌机

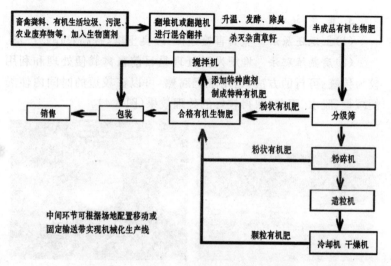

图8-6 有机肥生产发酵工艺流程示意图

4. 饲料化 兔粪饲料化是综合利用的重要途径。兔粪含有大量未消化的蛋白质、B族维生素、矿物质元素、粗脂肪和一定数量的碳水化合物,经过加工处理后可成为较好的畜禽饲料资源。风干兔粪中含水分7.9%,干物质92.1%。无水兔粪含粗蛋白质20.3%,其中可消化粗蛋白质5.7%,粗脂肪浸出物2.6%,粗纤维16.6%,无氮浸出物40.7%,矿物质10.7%。2千克兔粪粗蛋白质含量相当于1千克苜蓿干草。

(1)干燥处理

①自然干燥 日晒是最简便的粪便干燥方法。将新鲜的畜禽粪便或掺入一定比例的米糠后摊在水泥地面或塑料布上,经常翻动,使其自然干燥,粉碎后混匀于其他饲料中饲喂。自然干燥成本低,但受季节及天气影响较大,对环境的污染较为严重。

②高温干燥 利用高温快速干燥机对粪便间接加热(500℃~700℃),在短时间(12秒钟)内使其水分含量降至13%以下。此法

干燥快速、灭菌彻底,但养分损失较大、成本高(图 8-7)。

图 8-7 锅炉、热气气流烘干机

③低温干燥 将兔粪运到干燥车间,利用低温风干干燥机(图 8-8),在搅拌和蒸发的作用下使水分含量降至 13% 以下。

图 8-8 低温风干干燥机

(2)发酵处理 家兔粪便饲料化利用的发酵方法有自然发酵、堆积发酵、塑料袋发酵等方法。

①自然发酵 将新鲜兔粪和麸皮以 3∶2 或与碎大麦各半混匀,水分控制在 50% 左右,装入窖内密封发酵,温度保持在 5℃以上,20～40 天后开窖饲喂。

②堆积发酵 首先将新鲜兔粪收集起来,每 10 千克兔粪加酵母片 15～20 克,糖钙片 15～20 片,土霉素 5～6 片,堆积发酵 5～

6小时,可按猪日粮的10％～20％添加。

③**塑料袋发酵** 塑料袋发酵是将兔粪晾晒至七成干,每100千克粪便掺入10～20千克的麸皮或米糠,搅拌均匀后装入塑料袋中密封发酵,温度控制在60℃左右,夏季发酵1天,春、秋季发酵2天,发酵标准以能闻到酒糟香为宜。可在猪日粮中添加25％～40％(适合庭院、小规模养猪)。

二、兔尸体处理

兔场生产中,对死亡兔处理要符合《畜禽病害肉尸及其产品无害化处理规程》GB 16548,防止污染环境。目前,病死兔处理方法有以下几种。

1. 深埋法 此法简单易行,成本低廉,适合一般小型兔场和非烈性传染病病死兔的处理。深埋地点要避开水道、水库、水井,防止地表水流入深埋坑和液体从深埋地点流出。远离生活区和兔场,深度不少于2米,铺5厘米厚石灰,以利于尸体的快速分解和有机物的快速破坏。逐层撒石灰,全部掩埋后,最上面喷洒消毒药,覆盖不少于30厘米厚的泥土,最后在土坑上面及周围喷洒消毒药(图8-9)。

图8-9 深 埋

2. 焚烧法　适合因传染性疾病死亡的兔体处理。焚烧炉应建在远离生活区,兔场下风向,并安装高烟囱,避免污染环境。这种方法处理彻底,但设备和运行成本较高,一般是定期使用(图 8-10)。

图 8-10　焚 烧 炉

3. 无害化处理井　选址要求地势高、位置偏僻。处理井应口小肚大,加盖,深度视死兔处理数量而定,通常较深些为好,井壁做硬化处理防止坍塌(图 8-11)。

图 8-11　无害化处理井

4. 喂养肉食动物 因非传染性疾病的死兔,可以用来饲养犬、貂等肉食性动物。要求死兔不能腐败变质,被喂养的肉食动物是笼养或圈养,最好是熟喂,也可以适量生喂。

5. 加工成高蛋白质饲料 通过高温、高压的方法,将死兔的肉、骨、毛等加工制成高蛋白质饲料。此法优点是彻底消灭了死兔的病原体,实现了饲料化利用,但设备投资较大、成本高,一般兔场难以实行。

三、其他废弃物的处理方法

家兔生产中还会产生产仔箱垫料、药剂包装等废弃物。产仔箱垫料等可以采取堆肥发酵等方式处理,也可以焚烧处理(图8-12);药剂瓶罐包装等不能简单深埋,容易造成二次污染,采用分类处理(图8-13)。

图 8-12 产仔箱及垫料　　　　图 8-13 废弃药剂瓶包装

第九章　兔病的诊断和处理

一、家兔的捕捉和保定方法

（一）家兔的捕捉方法

根据兔体大小不同，家兔的捕捉方法略有不同。仔兔，因其个体小、体重轻，可以直接抓其背部皮肤或围绕胸部大把松松抓起，切不可抓握太紧；幼兔，应悄悄接近，切不可突然接近，先用手抚摸，消除兔的恐惧感，静伏后大把连同两耳将颈肩部皮肤一起抓住，兔体平衡，不会挣扎；成年兔，方法同幼兔，但由于成年兔体重大，操作者需两手配合，一手捕捉，一手置于股后托住兔臀部，以支持体重，这样既不会伤害兔，也可避免兔抓伤人（图 9-1）。

1　　　　　2　　　　　3　　　　　4

图9-1　家兔捕捉方法示意图

1、2 正确捉兔法　　3、4. 错误捉兔法

有些人捉兔,习惯抓住两耳或后肢提起,这是错误的。抓住两耳或后肢会使兔挣扎或跳跃,损伤耳、腰、后肢,致使脑缺血或充血。对成年兔不能直接抓其腰部,这样会损伤皮下组织或内脏,影响健康,易造成妊娠母兔流产。

(二)家兔的徒手搬运方法

以一手大把抓住兔两耳和颈肩部皮肤,虎口方向与兔头方向一致,将兔头置于另一手臂与身体之间,上臂与前臂呈 90°角夹住兔体,手置于兔的股后部,以支持兔的体重。搬运中遮住兔眼,使兔既无不适感,又表现安定(图 9-2)。

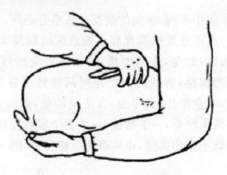

图 9-2　家兔的徒手搬运方法

(三)家兔的保定方法

1. 徒手保定法　有以下两种方法。

一种是,一手连同两耳将颈肩部皮肤大把抓起,另一手抓住臀部皮肤和尾即可,并可使腹部向上。适用于眼、腹、乳房、四肢等疾病的诊治(图 9-3)。

另一种类似于徒手搬运兔的方法,不同的是将兔的口、鼻从臂部露出,此保定方法适用于口、鼻的采样。

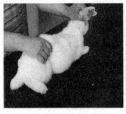

图9-3　家兔保定法

2. 器械保定法

（1）包布保定　用边长1米的正方形或正三角形包布，其中一角缝上两根30～40厘米长的带子，把包布展开，将兔置于包布中心，把包布折起，包裹兔体，露出兔耳及头部，最后用带子围绕兔体并打结固定。适用于耳静脉注射、经口给药或胃管灌药。

（2）手术台保定　将兔四肢分开，仰卧于手术台上，然后分别固定头和四肢。市售有定型的小动物手术台。适用于兔的阉割术、乳房疾病治疗及腹部手术等（图9-4）。

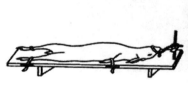

图9-4　手术台保定法

（3）保定筒、保定箱保定　保定筒分筒身和前套两个部分，将兔从筒身后部塞入，当兔头从筒身前部缺口处露出时，迅速抓住两耳，随即将前套推进筒身，两者合拢卡住兔颈（图9-5）。

图 9-5　保定筒保定法

保定箱分箱体和箱盖两部分,箱盖上挖有一个缺口,将兔放入箱内,拉出兔头,盖上箱盖,使兔头卡在箱外。适用于治疗头部疾病、耳静脉注射及内服药物(图 9-6)。

图 9-6　保定箱保定法

二、家兔的临床检查

(一)活体检查

1. 病史调查　病史调查就是通过向畜主或饲养员询问,了解与疾病相关的问题。询问时要有重点,针对性要强,对所获得的资

料还要进行综合分析,以便为诊断提供真实可靠的信息。病史调查主要侧重于以下方面:

了解发病时间、发病只数,用以推测疾病是急性还是慢性,是单个发病还是群体发病,以及病的经过和发展变化情况。

了解发病后的主要表现,如精神状态、饮食欲、呼吸、排粪、排尿、运动等的异常表现。对于腹泻的,应进一步了解排便次数、排便量及粪便性状(有无黏液、血液、气味等),对于母兔应该了解产前、产后及哺乳情况。

了解经治情况用过什么药物,疗效如何,以判断用药是否恰当,为以后用药提供参考。

了解饲养管理情况,如饲料种类,精饲料、青饲料、粗饲料的来源及配方,调制方法与饲喂制度,水源及饲料质量。兔舍温度、湿度、光照、通风状况,养殖密度,卫生消毒措施以及驱虫情况等。

2. 外貌检查

(1)精神状态 健康家兔双目有神,行为自然,对外界刺激反应灵敏,经常保持警戒状态。如受惊吓,立即抬头、转动耳壳,有时后足踏地,发出啪啪的声响;如有危险情况,则呈俯卧状,似做隐蔽姿势。病兔常呈中枢神经抑制状态,表现精神沉郁,反应迟钝,低头耷耳,闭目呆立,或蹲伏一隅,对周围响动不敏感;过度兴奋则呈现不安、狂奔、肌肉震颤、强直、抽搐等。

(2)体格发育和营养状态 体格一般根据骨骼和肌肉的发育程度及各部位比例来判定。体格发育良好的家兔,躯体匀称,四肢强壮,肌肉结实。发育不良的兔,则表现体躯矮小,结构不匀称,瘦弱无力,幼龄阶段表现发育迟缓或停滞。

判定家兔营养状况,通常以肌肉的丰满程度和皮下脂肪蓄积量为依据。营养良好的家兔,肌肉和皮下脂肪丰满,轮廓滚圆,骨骼棱角处不显露。反之,表现消瘦,骨骼显露。

(3)姿势 各种动物在正常情况下,都保持其固有灵活协调的自然姿势。健康家兔经常采取蹲伏姿势。蹲伏时两前肢向前伸直并相互平行，后肢置于身体下方，以趾部负重。走动时臀部抬起，轻快而敏捷。白天除采食外，大部分时间处于休息状态。天气炎热时，为便于散发体热，采取侧卧或伏卧，前后肢尽量伸展；寒冷时则蹲伏，而且身体尽量蜷缩。家兔的异常姿势主要有跛行、头颈扭曲、走动不稳、全身强直等。检查家兔的姿势，对确诊运动系统和神经系统疾病有重要意义（图9-7）。

图9-7 家兔病态姿势

（4）性情 家兔的性情分为温和、暴躁两种类型。性情与年龄、性别、个体差异等有关。判定性情主要依据家兔对外界环境改变所采取的反应与平常有无差别。若原来性情温和的变为暴躁，甚至出现咬癖、吃仔等，说明有病态反应。光线的明暗可对性情产生影响，如暗环境可以抑制殴斗，并可使公兔性欲降低。

（5）被毛与皮肤 健康家兔被毛平滑，有光泽，生长牢固，并随季节换毛。例如，被毛枯焦、粗乱、蓬松、缺乏光泽时，是营养不良或有慢性消耗性疾病的表现；换毛延迟，或非换毛季节大量脱毛，则是病态表现，如患螨病、脱毛癣、湿疹等，均可出现成片的脱毛，应查明原因。皮肤检查应注意皮肤温度、湿度、弹性、肿胀及外伤等。

（6）可视黏膜检查 可视黏膜包括眼结膜、口腔、鼻腔、阴道的黏膜。黏膜具有丰富的微血管，根据颜色的变化，大体可以推断血液循环状态和血液成分的变化。临床上主要检查眼结膜。检查时，一手固定头部，另一手以拇指和食指拨开下眼睑即可观察（图9-8）。正常的结膜颜色为粉红色。眼结膜颜色的病理变化有以下几种：

图9-8　家兔可视黏膜检查

①结膜苍白　是贫血的征象。急速苍白见于大失血，肝、脾等内脏器官破裂。逐渐苍白见于慢性消耗性疾病，如消化障碍性疾病、寄生虫病、慢性传染病等。

②结膜潮红　结膜潮红是充血的表现。弥漫性充血（潮红）见于眼病、胃肠炎及各种急性传染病。血管高度扩张，呈树枝状，常见于脑炎、中暑及伴有血液循环严重障碍的心脏病。

③结膜黄染　是血液中胆红素含量增多的表现。见于肝脏疾患、胆道阻塞、溶血性疾病及钩端螺旋体病等。

④结膜发绀　是血液中还原血红蛋白增多的结果。见于伴有心、肺功能严重障碍，导致组织缺氧的病程中。如肺充血、心力衰竭及中毒病等。

⑤结膜出血　有点状出血和斑片状出血，是血管通透性增高所致。见于某些传染病或紫癜症等。

（7）体温测定　测定兔体温一般采取肛门测温法。测温时，用左臂夹住兔体，左手提起尾巴，右手持体温计插入肛门，深度 3.5～5 厘米，保持 3～5 分钟。家兔的正常体温为 38.5℃～39.5℃。影响家兔体温变化的因素较多，如检测时间、季节、年龄、品种、生产性能、运动等。测温对于早期诊断和群体检查有很大意义。

（8）脉搏数测定　多在家兔大腿内侧近端的股动脉上检查其脉搏，也可直接触摸心脏部位，计数 0.5～1 分钟，计算出 1 分钟的脉搏数。健康家兔脉搏数为每分钟 120～150 次。热性病、传染病或疼痛时，脉搏数增加；黄疸、慢性脑水肿、濒死期可出现脉搏减慢。检查脉搏应在家兔安静状态下进行。

（9）呼吸数检查　观察胸壁或肋弓的起伏次数，计数 0.5～1 分钟，计算出 1 分钟的呼吸数。健康家兔的呼吸数每分钟为 50～80 次。肺炎、中暑、胸膜炎、急性传染病时，呼吸数增加。某些中毒、脑病、昏迷时，呼吸数减少。

影响呼吸数发生变动的因素有年龄、性别、品种、营养水平、运动、妊娠、胃肠充盈程度、外界气温等，在判定呼吸数是否增加和减少时，应排除上述因素的干扰。

3. 系统检查

（1）消化系统检查

①饮食欲检查　健康家兔食欲旺盛，而且采食速度快。对于经常吃的饲料，一般先嗅闻以后，便立即放口采食，15～30 分钟即可将定量饲料吃光。食欲改变主要有食欲减退、食欲废绝、食欲不定（时好时坏）、食欲异常（异嗜）。食欲减退是许多疾病的最早指征之一，主要表现是对饲料不亲，采食速度减慢，饲槽内有残食；食欲废绝是疾病严重、预后不良的征兆；食欲不定是慢性消化道疾病；异嗜可能是因微量元素或维生素缺乏所致。

家兔的饮欲也有一定的规律，炎热天气饮水多。有人做过试验，温度 28℃时，平均每天每千克体重需水 120 毫升；9℃时，每千克体重需水 76 毫升。饮水增加见于热性病、腹泻等，饮水减少见于腹痛、消化不良等。

②腹部检查　家兔腹部检查主要靠视诊和触诊。腹部视诊主要观察腹部形态和腹围大小。如腹部上方明显膨大,肷窝突出,是肠积气的表现;如腹下部膨大,触诊有波动感,改变体位时膨大部随之下沉,是腹腔积液的体征。

腹部触诊时,助手保定好家兔的头部,检查者立于尾部,用两手的指端同时从左右两侧压迫腹部。健康兔腹部柔软并有一定的弹性。当触诊时出现不安、骚动、腹肌紧张且有震颤时,提示腹膜有疼痛反应,见于腹膜炎。腹腔积液时,触诊有波动感。肠管积气时,触诊腹壁有弹性(图9-9)。

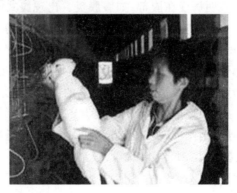

图9-9　腹部检查

③粪便检查　检查时,注意排便次数、间隔时间、粪便形状、粪量、颜色、气味、是否混杂异物等。健康兔的粪便为球形,大小均匀,表面光滑,呈茶褐色或黄褐色,无黏液或其他杂物。如粪球干硬变小,粪量少或排便停滞,是便秘的表现。如粪便不成球,变黏稠或稀薄如水,或混有黏液、血液,表明肠道有炎症(图9-10)。

(2)呼吸系统检查

①呼吸式检查　健康家兔呈胸腹式(混合式)呼吸,即呼吸时,

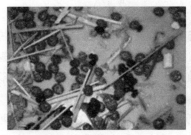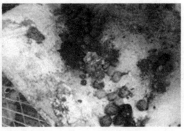

图 9-10 粪便检查

胸壁和腹壁的运动协调,强度一致。出现胸式呼吸时,即胸壁运动比腹壁明显,表明病变在腹部,如腹膜炎。出现腹式呼吸时,即腹壁运动明显,表明病变在胸部,如胸膜炎、肋骨骨折等。

②呼吸困难检查 健康家兔在安静状态下,呼吸运动协调、平稳、具有节律性。当出现呼吸运动加强、呼吸次数改变和呼吸节律失常时,即为呼吸困难,是呼吸系统疾病的主要症状之一。临床上主要有以下三种表现形式:

吸气性呼吸困难:以吸气用力、吸气时间明显延长为特征,常见于上呼吸道(鼻腔、咽、喉和气管)狭窄的疾病。

呼气性呼吸困难:以呼气用力、呼气时间显著延长为特征,常见于慢性肺泡气肿及细支气管炎等。

混合性呼吸困难:吸气和呼气均发生困难,而且伴有呼吸次数增加,是临床上最常见的一种呼吸困难。这是由于肺呼吸面积减少,致使血中二氧化碳浓度增高和氧缺乏所致,见于肺炎、胸腔积液、气胸等。心源性、血原性、中毒性和腹压增高等因素,也可引起混合性呼吸困难。

③咳嗽检查 健康兔偶尔咳一两声,借以排除呼吸道内的分泌物和异物,是一种保护性反应。如出现频繁或连续性咳嗽,则是一种病态。病变多在上呼吸道,如喉炎、气管炎等。

④鼻液检查 健康家兔鼻孔清洁、干燥。当发现鼻孔周围粘有泥土,说明鼻液分泌增加。家兔出现鼻液增加,并用两前肢搔抓鼻部或向周围物体上摩擦并打喷嚏,提示为鼻道炎症;如鼻液中混有新鲜血液、血丝或血凝块时,多为鼻黏膜损伤;如鼻液污秽不洁,且放恶臭味,可能为坏疽性肺炎。

⑤胸部检查 家兔的胸部检查应用不多。怀疑肺部有炎症时,进行胸部 X 线透视或摄片检查,可以提供比较可靠的诊断。

(3)泌尿生殖系统检查

①排尿姿势检查 排尿姿势异常主要由于排尿失禁和排尿带痛。尿失禁是家兔不能采取正常排尿姿势,不自主地经常或周期性地排出少量尿液,是排尿中枢损伤的指征。排尿带痛是家兔排尿时表现不安、呻吟、鸣叫等,见于尿路感染、尿道结石等。

②排尿次数和尿量检查 家兔排尿次数不定,日排尿量为100～250 毫升。排尿量增多见于大量饮水后、慢性肾炎或渗出性疾病(渗出性胸膜炎等)的吸收期。排尿次数减少,尿量也减少,见于急性肾炎、大出汗或剧烈腹泻等。尿失禁见于腰荐部脊柱损伤或膀胱括约肌麻痹。

③透明度 将尿液盛于清洁的玻璃试管内,对光观察,以判定其透明度。健康兔尿液是透明的,如果变浑浊,是因为尿中混有黏液、白细胞、上皮细胞及坏死组织片所致,见于肾脏和尿道疾病。

④尿液颜色 尿液颜色可因饲料、饮水等而略有差异,一般为微黄色。当尿中含有血液、血红蛋白或肌红蛋白时,尿呈红色或红褐色。有些药物可以影响尿的颜色,如应用台盼蓝或亚甲蓝时,尿呈蓝色。

⑤尿液气味 家兔的尿与其他家畜尿一样,具有特殊的略带刺激性的气味,尿液愈浓,气味愈烈。膀胱炎时尿有氨臭味,膀胱或尿道发生溃疡、坏疽时,尿有腐败臭味。

⑥尿液比重 家兔尿的比重为 1.003～1.036。尿液比重增

加,常见于脱水性疾病,如大量腹泻等。

⑦生殖器检查　此项检查在选种时尤为重要。检查母兔时,注意乳腺发育情况及乳头数量(一般为 8 个),乳腺有无肿胀或乳头有无损伤,外生殖器有无变形。检查公兔时,要注意体质、性欲、睾丸发育等,合格种公兔应该精神饱满,体质健康,性欲旺盛,睾丸发育良好、匀称。

(二)病理剖检

1. 剖检方法　家兔病死后,应立即进行剖检,以便更清楚地了解病情,采取积极的防治措施,避免更大的损失。

(1)术式　取仰卧式,腹部向上,置于搪瓷盘内或解剖台上,四足分开固定,腹部用消毒液消毒(图 9-11)。

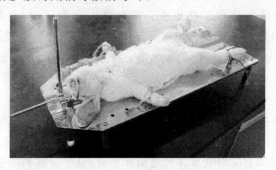

图 9-11　家兔解剖术式

(2)剖检程序　家兔解剖示意(图 9-12)。

①沿腹中线,上起下颌部,下至耻骨缝处切开皮肤,再沿中线切口向每条腿切开,然后分离皮肤,检查皮下有无出血及病变。

②沿腹白线用镊子挑起腹肌,防止刺破肠管,切开腹壁。

③打开腹腔后,顺次检查腹膜、肝、胆囊、胃、脾脏、肠道、胰、肠系膜及其淋巴结、肾脏、膀胱和生殖器官。

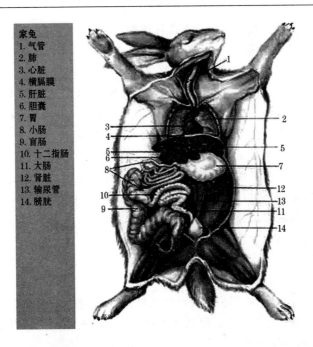

家兔
1. 气管
2. 肺
3. 心脏
4. 横膈膜
5. 肝脏
6. 胆囊
7. 胃
8. 小肠
9. 盲肠
10. 十二指肠
11. 大肠
12. 肾脏
13. 输尿管
14. 膀胱

图 9-12　家兔解剖示意图

④剪断两侧肋骨、胸骨。拿掉前胸廓，使胸腔暴露后，依次检查心、肺、胸膜、肋骨、胸腺。

⑤从咽部至胸前找出气管剪开。

⑥打开口腔、鼻腔及脑做检查。

（3）剖检内容　按照病理剖检要求进行解剖，认真检查。按由外向内、由头至尾的顺序检查。所见内容提示相应疾病如下：

①体表和皮下检查　主要检查有无脱毛、污染、创伤、出血、水肿、化脓、炎症、色泽等。

体表脱毛、结痂，提示螨病、霉菌病；体毛污染提示由球虫病、大肠杆菌病等引起的腹泻。

皮下出血，提示兔病毒性出血症，皮下水肿提示黏液瘤病。颈前淋巴结肿大或水肿提示李氏杆菌病。

皮下化脓病灶,提示葡萄球菌病、多杀性巴氏杆菌病。

皮下脂肪、肌肉及黏膜黄染,提示肝片吸虫病。

②上呼吸道检查　主要检查鼻腔、喉头黏膜及气管环间是否有炎性分泌物、充血及出血。

鼻腔内有白色黏稠的分泌物提示巴氏杆菌病、波氏杆菌病等;鼻腔出血提示中毒、中暑、兔病毒性出血症等。

鼻腔流浆液性或脓性分泌物,提示巴氏杆菌病、波氏杆菌病、李氏杆菌病、兔痘、黏液瘤病、绿脓杆菌病等。

③胸腔脏器检查　主要查胸腔积液色泽,胸膜、心包、心肌是否充血、出血、变性、坏死等。

胸膜与肺、心包粘连、化脓或纤维素性渗出提示兔巴氏杆菌病、葡萄球菌病、波氏杆菌病。

心包积液、心肌出血提示巴氏杆菌病,心包液呈棕褐色。心外膜有纤维素渗出,提示葡萄球菌病、巴氏杆菌病。心肌有白色条纹,提示泰泽氏病。

④腹腔脏器检查　腹腔主要查腹水、寄生虫结节、脏器色泽、质地和是否肿胀、充血、出血、化脓、坏死、粘连、纤维素渗出等。

腹水透明、增多,提示肝球虫病;串珠样包囊或附着于脏器或游离于腹腔的为囊尾蚴病;腹腔有纤维素渗出,提示葡萄球菌病或巴氏杆菌病。

肝脏表面有灰白色或淡黄色结节,当结节为针尖大小时提示沙门氏菌病、巴氏杆菌病、野兔热等;当结节为绿豆大时则提示肝球虫病。肝肿大、硬化、胆管扩张,提示肝球虫病、肝片吸虫病;肝实质呈淡黄色、细胞间质增宽,提示病毒性出血症。

脾肿大、有大小不等的灰白色结节,结节切开有脓或干酪样物,提示伪结核病、沙门氏菌病。脾肿大、瘀血,提示兔病毒性出血症。

肾充血、出血，提示病毒性出血症；局部肿大、突出、似鱼肉样病变，提示肾母细胞瘤、淋巴肉瘤等。

胃肠黏膜充血、出血、炎症、溃疡，提示大肠杆菌病、魏氏梭菌病、巴氏杆菌病；肠壁有许多灰色小结节，提示肠球虫病；盲肠蚓突、圆小囊肿大、有灰白色小结节，提示伪结核病、沙门氏菌病；盲肠、回肠后段、结肠前段黏膜充血、出血、水肿、坏死、纤维素渗出等，提示大肠杆菌病、泰泽氏病。

阴茎溃疡、阴茎周围皮肤皲裂、红肿、结节等提示兔梅毒病；子宫肿大、充血，有粟粒样坏死结节提示沙门氏菌病；子宫呈灰白色、宫内蓄脓则提示兔葡萄球菌病、巴氏杆菌病。

三、病料的采取、保存和送检

（一）病料的采集

采集病料时应尽可能避免杂菌的污染，要求尽量做到无菌操作，所用的器械、容器等均要求无菌。生前采集的病料，如血液、脓汁、分泌物、粪尿等应尽早送检，不宜久置。死后，应立即剖检，采取病料，以防组织腐败，不利于病原体的分离。采得的病变组织应立即送检。因故缓期送检时，需冻结保存，但保存的时间也不宜太久。采集的部位可根据临床要求进行：

第一，怀疑某种传染病时，则采取该病常侵害的部位。

第二，提不出怀疑对象时，则可将完整家兔送检。

第三，败血性传染病，如兔巴氏杆菌病、兔瘟等，可以采取心、肝、脾、肾、肺、淋巴结及胃肠等组织。

第四，专嗜性传染病或侵害某种器官为主的传染病，则采取该病侵害的主要器官组织，如兔结核病采取病变结节，兔魏氏梭菌性肠炎采取肠管及肠内容物，有神经症状的传染病采取脑、脊髓等。

第五,检查血清抗体时,则采取血液,待凝固析出血清后,分离血清,装入灭菌的小瓶送检。

(二)病料的保存

采取病料后要及时送实验室检验,如病料不能立即进行检验或须送往外地检验时,应加入适量的保存剂,使病料尽量保持新鲜状态,以便得出正确的结果。

1. 细菌检验材料的保存 将采取的组织块保存于饱和盐水或30%甘油缓冲液中,容器加塞封固。

(1)饱和盐水配制 蒸馏水 100 毫升,加入氯化钠 38~39 克,充分搅拌溶解后,用数层纱布滤过,高压灭菌后备用。

(2)30%甘油缓冲溶液的配制 纯净甘油 30 毫升,氯化钠0.5 克,碱性磷酸钠 1 克,蒸馏水加至 100 毫升,混合后高压灭菌备用。

2. 病毒检验材料的保存 将采取的组织块保存于50%甘油生理盐水或鸡蛋生理盐水中,容器加塞封固。

(1)50%甘油生理盐水的配制 中性甘油 500 毫升,氯化钠8.5 克,蒸馏水 50 毫升,混合后分装,高压灭菌后备用。

(2)鸡蛋生理盐水的配制 先用碘酊消毒新鲜鸡蛋的表面,然后打开,将内容物倾入灭菌的容器内,按全蛋 9 份加入灭菌生理盐水 1 份,摇匀后用纱布过滤,然后加热至 56℃~58℃,持续 30 分钟,第二天和第三天各按上法加热 1 次,冷却后即可使用。

3. 病理组织学检验材料的保存 将采取的组织块放入10%甲醛溶液或95%酒精中固定,固定液的用量须为标本体积的 10倍以上。如用 10%甲醛溶液固定,应在 24 小时后换新鲜溶液 1次。严寒季节为防组织块冻结,在送检时可将上述固定好的组织块取出,保存于甘油和 10%甲醛溶液等量混合液中。

（三）病料的送检

1. 病料的记录和送检单 装病料的容器上要编号，并做详细记录，附有送检单。

2. 病料包装 要求安全、稳妥。对于危险材料，怕热或怕冻的材料，应分别采取措施。一般微生物检验材料怕热，病理检验材料怕冻。

3. 病料运送 病料装箱后，要尽快送到检验单位，短途可派专人送去，长途可以空运。

（四）注意事项

第一，采取病料要及时，一般应在家兔死后立即进行，最迟不超过 6 个小时。时间过长，尤其是夏天，组织变性和腐败不仅影响病原体的检出，也影响病理组织学检验的正确性。

第二，选择症状和病变典型的病例，最好能同时选择几种不同病程的病料。

第三，采取病料的家兔应是未经抗菌药或杀虫药物治疗的，否则会影响微生物和寄生虫的检出结果。

第四，剖检取病料之前，应先对病情、病史加以了解和记录，并详细进行剖检前的检查。

第五，病料应以无菌操作采取。为减少污染，一般先采取微生物学检验材料，然后结合病理剖检采取病理检验材料。

第六，病料应放入装有冰块的保温瓶内送检，如无冰块，可在保温瓶内放入氯化铵 450～500 克，加水 1 500 毫升，上层放病料，能使保温瓶内保持 0℃达 24 小时。

四、家兔的给药方法

家兔常用的给药方法有内服、直肠灌药及注射给药。

(一)内　服

该方法操作简便,适用于多种药物。可拌料自食,投服、灌服。

1. 拌料自食　适用于毒性小、无不良气味的药物,按一定比例将药物拌入饲料或水中,任兔自食或饮用。

2. 投服　适用于药量少、有异味的药物。兔拒食时,由助手保定,操作者固定兔头并握着面颊使口张开,用筷子或镊子夹取药片送入口中,令其吞下(图9-13)。

图9-13　投服给药

3. 灌服　适用于有异味药物或拒食的兔。助手将兔保定好,操作者用汤勺或注射器、滴管将药液从口角缓缓灌入。注意千万不要误入气管。也可用胃管插入食管直接送入胃中,切忌投入肺中。

胃管灌药时助手一手抓住家兔的耳朵和颈背部皮肤,一手环

抱家兔,也可将木板放置在家兔口腔内,然后将人用导尿管或输液塑料管(涂上液状石蜡或植物油),通过木板上的小孔,慢慢沿上腭后壁向咽部伸入,随着家兔的吞咽动作下插 20 厘米左右,即可到达胃部。将导管外口浸入水中试验,如证明确实进入胃内,即可利用注射器吸取药液,通过导管外口注入胃内(图 9-14)。

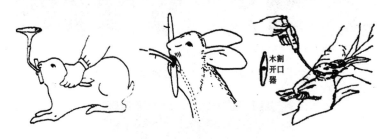

图 9-14　灌服给药

(二)直肠灌药

主要用于治疗结症、便秘、毛球病、臌气等消化道疾病。可将家兔侧卧保定在桌面上,将后躯抬高,掀起家兔尾巴,用涂有润滑油、植物油或肥皂水的胶管或塑料管,试探着将导管插入肛门内,到达深度 8～10 厘米时,将药液灌入,然后让其自然排出。药液的温度应接近体温。

(三)注射给药

该方法药量准确,吸收快。注射部位有皮下注射、肌内注射、静脉注射和腹腔注射等。注射前期工作程序如图 9-15。

1. 皮下注射　选后颈部、肩前、股内侧或腹部皮肤松弛易移动的部位,用食指和拇指轻轻夹起皮肤形成三角区,用碘酊或酒精消毒注射部位,将针头呈 45°角扎入三角区皮下与肌肉间,注入药液。该方法主要用于疫苗接种(图 9-16)。

1. 安装针头   2. 吸取药液   3. 弹击后推进排出空气

图 9-15　注射前期工作程序

图 9-16　皮下注射

2. 肌内注射　选臀肌或大腿肌肉丰满处，局部用碘附或酒精消毒，针头呈 45°角刺入 1～2 厘米深度，回抽无回血后，将药液缓缓注入。注意不能伤及血管、神经和骨骼，肌内注射步骤见图 9-17。

3. 静脉注射　由助手保定，固定头部，对耳朵外缘先消毒，然后用手指捏着耳尖并夹住，压迫静脉向心端，使耳静脉充血怒张；针头以 15°角刺入血管，并使针头平行进入血管 1 厘米深度，回抽见血后，缓缓注入药液。注完后拔出针头，用酒精棉球压迫针口 2分钟，防止出血。注射前排净注射器内空气，以免形成栓塞死亡。另外，油类药物不能静脉注射（图 9-18）。

 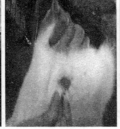 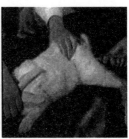

1.喷洒消毒　　　　　　2.扎入针头　　　　　　3.两人合作

图 9-17　肌内注射

图 9-18　静脉注射

　　4. 腹腔内注射　此方法可用于补充体液。注射部位任选腹部脐后,用碘酊或酒精棉球消毒。使兔后躯抬高或倒提后肢,然后向腹内进针;回抽无血液、无气体后即可注药。注意进针不能太深,以防损伤内脏。药量多时应加温,使其温度与体温相同(图 9-19)。

　　5. 气管内注射　颈部上 1/3 正中线处摸到气管,局部消毒后将针头垂直刺入,回抽有气体后缓缓滴注药液。此方法用于治疗气管、肺部疾病(图 9-20)。

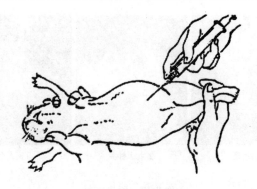

图 9-19 腹腔注射

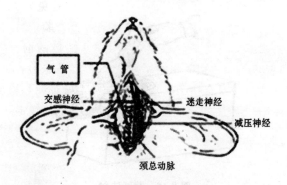

图 9-20 气管解剖示意图

(四)外用给药

外用给药一般用于体表消毒、外伤和杀灭体表寄生虫。应防止经皮肤吸收引起中毒,尤其是大面积洗涤、涂搽药物或药浴时,应特别注意药物的毒性、用量、浓度和作用时间,必要时可分片分次用药。

第十章　兔场疫病的检疫及净化

一、兔场疫病的检疫

农业部以农医发[2011]24号文出台了《兔产地检疫规程》等3个动物产地检疫规程，规定兔产地检疫对象主要是兔病毒性出血病（兔瘟）、兔黏液瘤病、野兔热、兔球虫病。通过查验资料、临床检查、实验室检测等手段对来自未发生相关动物疫情的饲养场（户）的家兔进行检疫。养殖档案相关记录符合规定、临床检查健康、经实验室疫病检测，结果合格的出具《动物检疫合格证明》，检疫不合格的出具《检疫处理通知单》，禁止调运，并按照有关规定处理（图10-1）。

图 10-1　报检和实验室检测

二、兔场疫病的净化

群防群控。集约化兔场的疫病控制不同于传统养兔业，凡是可能造成经营利润下降的病害，包括急慢性传染病、应激病、营养代谢病及各类伤害等都是疫病控制的关键。防治的对象不是单只兔而是整个群体。因此，以防为主，防重于治是卫生防疫工作的基本点。可通过采取净化种源，优化环境，完善设备，加强管理，增加营养和强化免疫等技术措施切断水平和垂直传播途径。

合理选址布局。兔场选址要坐北朝南，远离公路、城镇、村庄，地势高燥，采光和通风良好，四周可建围墙或开挖沟渠与外界隔绝。兔场内要科学布局分区。兔笼设计与布局要科学合理，要注重生产效率，符合兔的生物学特性，但不能留有防疫死角。

严格疫病控制。在生产区四周建防疫墙，杜绝非生产区人员出入。防疫墙内，外沿建立灌木绿化隔离带，大门设3～4米宽车辆进出用消毒池，使用2%烧碱，每周定期更换2次。人员专用通道进口处设立消毒室。饲料最好自配，用机械直接送入生产区料塔，或用内部专用麻袋、编织袋经传输窗进入兔舍，以防传染病源。

坚持自繁自养。对于规模较大的兔场要自行组建核心群、扩繁群。商品肉兔场使用杂交组合，充分利用杂交抗病优势。核心群进行育种改良需要引进外血时，在引种前必须对所引种兔所在地区进行疫病调查，对引进兔要进行兽医卫生检疫，并在场外隔离观察2周以上。在隔离期间还要进行疫病免疫接种，再经过多次消毒后方可进场饲养。

优化生产环境。集约化兔场饲养密度大，粪尿产出量大，有害气体、微生物、尘埃多，保持兔舍内外良好的环境卫生非常重要。尽量采用地下管道排污，舍外空地杂草要定期清除，舍内卫生每天打扫1次，通风干燥。冬季既要做好防寒保温工作，又要适时通风换气。夏季高温时,要全力做好防暑降温工作,尤其要防止种公兔及繁殖母兔的热应激。

此外,控制鼠害也非常重要。老鼠不但耗损饲料,而且传播疾病。规模化兔场要定期灭鼠,每年2次。与此同时,生产中还应实行空弃药瓶、废弃扫把等生产废物回收登记制度,及时将药棉、废纸、污毛等生产垃圾集中无害化处理,这对净化兔场生产环境大有好处。

要针对兔常见的病毒性疾病、细菌性疾病、寄生虫病等做好疫病的净化工作。

(一)常见病毒性疾病

1. 兔瘟(兔病毒性败血症)　病兔、死兔、隐性感染兔是主要传染源。病料和排泄物、分泌物污染是兔瘟重要的传播因素。从疫区引进新兔放进易感兔群,常造成本病的暴发。一旦发生,往往呈迅速流行,会给兔场带来毁灭性的打击。兔场消毒与免疫措施不严格,会使兔瘟连绵不断并难以清除。

预防净化工作主要是加强兔场的管理,严禁从疫区购入种兔,引进兔需隔离观察1个月,努力进行自繁自养;饲料和饲草需从非疫区购入;定期进行预防性消毒并防止鼠类侵入兔场。按免疫程序预防接种。为了防止疫病扩散,要注意对病死兔的无害化处理,最好深埋或烧毁。一切用具要彻底消毒。本病流行期间严禁人员往来。

2. 兔痘　是家兔的一种急性、全身性病毒感染疾病,其特征是高度传染性,出现鼻流出物,皮肤出疹及死亡率高。通过呼吸道、消化道及皮肤创伤和交配感染,一年四季均可发病。任何年龄和品种的家兔均易感染,幼兔和妊娠母兔的死亡率高,此病传播极为迅速,甚至采取消毒、隔离病兔等措施以后,仍不能防止兔痘病的蔓延。预防和净化兔痘除做好管理及卫生消毒外,对引进种兔还应隔离检疫,对发病兔群采取严格的隔离措施,消毒并捕杀患兔,对健康兔采用牛痘疫苗做预防注射。

3. 兔传染性水疱性口炎 是由兔传染性水疱性口炎病毒引起的,以口腔黏膜有大量水疱并大量流涎为临床症状的一种急性传染病。1~3月龄的仔兔易发病。此病的流行有一定的地理分布及季节性。有些昆虫如厩蝇、虻白蛉等对此病的传播具有重要作用。目前无疫苗,主要靠综合防治措施。如严防引进病兔,加强饲养管理,注意兔舍的保温及通风,防止霉变饲料、饲草粗硬或混有尖锐异物。发现病兔,立即隔离治疗。

(二)兔轮状病毒感染

主要由恶劣天气、饲养管理不佳、卫生条件差等外界因素诱发,是一种主要侵害30~60日龄的仔兔,以严重腹泻为症状的急性肠道传染病。由于病毒长期存在,此病的发生率和再感染率较高。防制此病除要加强饲养管理,注意搞好卫生外,对易感年龄的仔兔每天饲喂初乳,也可用同种的高免抗血清来代替初乳,能起到较好的预防效果。

(三)常见兔细菌性传染病

1. 巴氏杆菌病(出血性败血症) 不同年龄的兔均可发生,以幼兔或年老体弱兔易感染,常引起大批发病和死亡。气温突变、饲养管理不良、长途运输等使兔抵抗力降低时,体内的巴氏杆菌大量繁殖,其毒力增强,从而发病。净化需选择并经过多次细菌学检查,血清学反应均为阴性者方可建立种兔群。国外采用有特异性间接荧光抗体对鼻拭子的多杀性巴氏杆菌和兔血清中的抗体进行筛选。有条件的兔场可用剖宫取胎或自然分娩后,立即将仔兔隔离进行人工饲养,建立无特定病原菌的兔群。兔尽量自繁自养,引进种兔须隔离1个月,进行细菌或血清学检查,健康者方可进入兔场,也可用兔巴氏杆菌氢氧化铝菌苗或禽巴氏杆菌菌苗预防注射,有定期免疫作用。

2. 兔副伤寒(沙门氏菌病)　病兔是主要的传染源。断奶幼兔和妊娠 25 天后的母兔易发病。可经消化道感染或内源性感染,如幼兔在子宫内感染。饲养管理失宜,兔抵抗力减弱,均能促进沙门氏菌病的发生。防治方法为加强饲养管理,严防引进病兔,定期用鼠伤寒沙门氏杆菌诊断抗原普查兔群,检出的阳性兔立即隔离治疗。孕前与孕初母兔皮下或肌内注射鼠伤寒沙门氏杆菌灭活菌苗,每兔 1 毫升,免疫期 6 个月;疫区兔场紧急接种鼠伤寒沙门氏杆菌灭活菌苗。

3. 大肠杆菌病(黏液性肠炎)　可因内、外源性致病性大肠杆菌产生毒素发病,第一胎仔兔和笼养兔的发病率较高,一年四季中均可发生,不同年龄和性别兔均易感染,1～3 月龄多发,而成年兔很少发病,主要侵害 20 日龄与断奶前后的仔兔和幼兔,常由于饲养管理不当或气候骤变,机体抵抗力减弱,导致大肠杆菌大量繁殖引起剧烈腹泻,造成仔兔大批死亡。除强化日常饲养管理,注意自繁自养、保持兔舍卫生,场地、用具定期进行彻底消毒外,仔兔断奶后饲料必须逐渐更换,不要突然改变。常发生大肠杆菌病的兔场,可用分离到的大肠杆菌制成氢氧化铝甲醛苗进行预防注射,20～30 日龄的仔兔肌内注射 1 毫升。

4. 兔支气管败血波氏杆菌病　多发于气候骤变的春、秋两季,主要经呼吸道感染。病菌常寄生在家兔的呼吸道中,机体因气候骤变,感冒、寄生虫病等不利因素或其他诱因,如灰尘、剧烈刺激性气体,使上呼吸道黏膜抵抗力降低,引起发病。鼻炎型常呈地方性流行,而支气管肺炎型多呈散发性。成年兔常为慢性,仔兔与青年兔多为急性。兔支气管败血波氏杆菌病常和巴氏杆菌病并发。净化应坚持自繁自养,如引进种兔,应隔离观察 1 个月。加强饲养管理,做好日常卫生防疫工作。及时检出有鼻炎症状的可疑兔,给予治疗或淘汰。对污染兔,可注射波氏杆菌灭活苗预防,免疫期6个月,每年注射2次。饮水中添加兔鼻炎净(饮水剂)群体预防。

5. 野兔热(土拉杆菌病) 主要通过污染的饲料、饮水、用具以及吸血昆虫传播,通过消化道、呼吸道、伤口及皮肤与黏膜侵入。野兔热常呈地方性流行,多发生于春末夏初啮齿动物与吸血昆虫繁殖滋生的季节。净化应做到严防野兔进入兔场,按防疫规定引进种兔;消灭鼠类、吸血昆虫和体外寄生虫;病兔及时治疗,病死兔焚烧处理,剖检病尸时要严格防护,防止感染人;可用链霉素、卡那霉素等抗生素治疗。

6. 葡萄球菌病 为金黄色葡萄球菌所致的一种常见传染病。夏、秋季多发,主要通过皮肤、黏膜伤口传播,以致死性或各种化脓性炎症为临床特征。葡萄球菌广泛分布于自然界。病菌经各种途径,如破损的皮肤、黏膜、脐带残端、呼吸道、哺乳母兔的乳管和破损的乳房皮肤等进入体内。仔兔和有些敏感兔可呈败血性经过,但多数病例只引起各器官组织发生化脓性炎症。要净化此病,兔笼、运动场地要清洁卫生,清除一切锋利的物品,笼内不要太挤,将性情暴躁好斗的兔子分开饲养;产箱要光滑、柔软,用清洁的绒毛铺垫。仔兔产出时用3%碘酊或5%龙胆紫酒精涂擦脐带断端,防止脐带感染;如产仔母兔乳汁过多或过少,可适当减少或增加优质多汁饲料,以防乳房胀满、乳头管开放、病菌侵入或仔兔咬伤乳头;母兔分娩前3~5天,饲料中加入仁霉素粉(每千克体重20~40毫克)或磺胺嘧啶(每千克体重0.1~0.15克)预防;兔笼、运动场和饮饲工具定期彻底消毒。

7. 兔魏氏梭菌病 A型由魏氏梭菌引起,可使兔常年发病,温暖季节多发,常从消化道或伤口处感染发病。特征是急性腹泻、水泻、肠毒血症。不同月龄和品种的兔均可感染发病,以1~3月龄的幼兔较多发生,纯种毛兔和獭兔易感。发病不分季节,但冬、春季一般较多。魏氏梭菌广泛存在于土壤、粪便和消化道中,因此寒冷,饲养不当,特别是当饲喂过多精料时可诱发兔魏氏梭菌病。消化道是主要传染途径。预防和净化应加强饲养管理,增强机体抵抗力,严禁从场外引进种兔。对兔笼、运动场、饲饮用具应定期彻底消毒,发现病兔,及时隔离。加强饲养管理,消除诱发因素,平时饲料中保持足够的粗纤维成分,减少应激因素。减少蛋白质饲料和谷类饲料,可减少兔魏氏梭菌在肠道内繁殖。严格执行各项兽医卫生防疫措施。预防接种用家兔 A 型魏氏梭菌氢氧化铝灭活菌苗,每年 2 次,免疫期可达 6 个月。断奶仔兔应及时预防注射。发生疫情时,立即采取隔离、淘汰病兔,兔舍、兔笼及饲饮用具彻底消毒。

8. 坏死杆菌　坏死杆菌病为坏死杆菌引起的以皮肤、皮下组织,尤其舌面或口腔黏膜坏死、溃疡和脓肿为特征的散发性传染病。广泛存在于自然界,是健康动物扁桃体消化道黏膜的常在菌。随唾液和粪便排出,污染环境。传染途径通过口腔黏膜及损伤的消化道或皮肤,细菌进入血液,转移到其他器官,引起坏死、化脓和败血症而死亡,幼兔易感。净化应做到兔场自繁自养,引进种兔时,必须隔离检疫 1 个月,确定健康后才能混群。定期消毒,兔笼应避免尖锐异物,减少咬斗,防止皮肤损伤。

9. 伪结核病　是由伪结核耶尔新氏杆菌引起的一种慢性消耗性疾病。哺乳动物、啮齿动物、禽类和人均可感染发病,有时呈流行性急性型,临床症状不明显。主要通过消化道(被污染的饲料、饮水和工具),也可经伤口、交配或飞沫传染。侵入机体后使消化道受损害,经淋巴管到肠系膜淋巴结,继而发生毒血症。肝、脾和肺是常受侵害部位。病原体广泛存在于自然界,啮齿类动物为病原菌中间宿主。除兔外,马、牛、羊、猪、鸡和野生动物如狐、丝毛鼠、猴以及人均可感染。由于该病生前不易诊断,重点应放在预防上。加强消毒和无害化处理,改善卫生条件,积极灭鼠并注意人身保护。

(四)常见寄生虫病

1. 兔球虫病 是家兔最常见的一种寄生虫病,它对养兔业的危害极大。不同品种和月龄的家兔都易感染,断奶后至3月龄幼兔感染最为严重,死亡率高;成年兔发病轻微,多为带虫者。幼兔的感染主要通过哺乳乳房上粘有卵囊的乳头;仔兔的感染,主要是通过吃草、吃料或饮水。此外,饲养人员、工具、野鼠、苍蝇也可机械传播球虫卵囊。营养不良、兔舍卫生差、饲料与饮水遭受兔粪污染等,促使兔球虫病的发生和传播。成年兔多为带虫者,在幼兔球虫病的感染中起着重要作用。一般在温暖多雨季节流行。

预防:兔场应建在高燥向阳处,舍内保持干燥、清洁通风;幼兔和成年兔分笼饲养,发现病兔立即隔离治疗;加强饲养管理,注意饲料和饮水卫生,及时消除粪便,防止兔粪污染草料和饮水;兔笼最好用铁丝做,下有网眼,粪便能及时落入承粪盘,每周用沸水、蒸汽或火焰消毒1次,或用日光暴晒;合理安排母兔的繁殖,幼兔避开梅雨季断奶;消除鼠类和苍蝇;球虫流行季节,在断奶仔兔饲料中拌入药物,如地克珠利、氯苯胍、莫能菌素等预防。

2. 兔弓形虫病 是兔刚地弓形虫引起的一种寄生虫病。本病遍布世界各地,家兔和野兔均可感染。有时呈隐性感染,如受到应激因素而触发为临床疾病。此病可通过胎盘感染,也可由消化道侵入。此虫的中间宿主是猫,因此兔场严禁养猫,及时清除猫粪,堆积发酵消毒,可将卵囊杀死。

3. 兔豆状囊尾蚴病 是家兔的一种常见寄生虫病,虽然很少发生致死,但对兔的发育及生产效益影响极大。此虫的中间宿主是猫和犬,因此要严防犬和猫接近兔场,注意环境消毒。家养犬用槟榔每季度进行1次驱虫。兔肉加工厂,必须严格处理囊尾蚴寄生的器官,不用含豆状囊尾蚴的兔内脏喂犬。

4. 兔肝片吸虫病 是由肝片吸虫寄生于肝、胆管内引起的,有时可引起大批兔死亡,对养兔业的危害很严重。北京地区曾有多起因饲喂水草而导致兔肝片吸虫病暴发的报道。

预防及净化:对病兔及带虫兔进行驱虫;及时清除兔粪,进行堆积发酵处理;注意饲草和饮水卫生,不喂沟、塘及河边的草和水;消灭中间宿主椎实螺。

5. 疥螨病(螨病)　是由疥癣虫寄生引起慢性侵袭的皮肤病,俗名"生癞",伴随剧烈瘙痒,具有高度侵袭性,对养兔业威胁极大。主要通过接触感染,常通过用具作为感染媒介,秋冬阴雨天气易蔓延,冬季为螨病的高度感染期。因此,引进种兔时严防引入病兔,发现病兔,立即隔离,最好扑杀。做好日常消毒工作。

6. 兔虱病　是由大腹兔虱引起的一种慢性外寄生虫病。主要通过直接接触传染。不引入病兔,发现病兔立即隔离治疗。兔舍保持清洁、通风、干燥和阳光充足,兔体要保持干净。做好日常消毒工作。

第十一章　应急处置

　　兔场发生传染病,尤其是烈性传染病,常给兔场带来重大危害,有的甚至在短时间内全军覆灭,造成惨重的经济损失。因此,对传染病应采取以下紧急措施。

　　一是早发现。每日利用饲喂和清扫时间,对兔体进行健康检查。观察兔子的食欲、饮水、排粪尿的状况、精神状态、毛被光泽和耳郭颜色等来判断兔子健康状况。勤观察早发现对减少疫病对兔群的危害和经济损失至关重要。

　　二是立即隔离病兔。兔场一旦发生传染病后,迅速将可疑病兔隔离并上报。饲料、饮水和用具应由专人负责,专笼专用,无关人员不得入内,在隔离场所进出口设消毒池,防止疫情的扩散和传播(图 11-1)。

封锁隔
离区

图 11-1　封锁隔离

　　三是及时诊断。兔场发生疫病时,应及时组织人员现场会诊,得出准确的疫情报告,提出防治疫病的紧急补救措施。难以确诊的,取 1～2 只病死兔或其内脏器官送交兽医细菌学实验室,进行化验、确诊(图 11-2)。

图 11-2 解剖化验

　　四是消毒杀菌。当疫病已在本场发生或流行时,应对疫区和受威胁的兔群进行紧急疫情扑灭。对污染的兔笼、饲料、食盒、饮水器、各种用具、衣服、粪便、环境和全部兔舍用 1%～3% 热火碱溶液、3%～5% 苯酚溶液、3%～5% 来苏儿和 10%～20% 石灰乳消毒。目前,常用的还有过氧乙酸和百毒消等新的消毒药,切断各种传播媒介(图 11-3)。

图 11-3 紧急消毒

　　五是消灭传染源。找出可能的传染源并消灭，消灭场内啮齿类动物。

　　六是紧急预防接种。发生传染病的兔场经过消毒隔离后，还应对假定健康群进行紧急预防接种（图11-4），有的传染病可用药物进行预防性治疗。例如，兔巴氏杆菌病可用青霉素、链霉素、磺胺类药物进行防治。与此同时，加强饲养管理，提高营养水平，提高兔群抵抗力。

图11-4　紧急接种

　　七是挽救病兔，减少损失。兔场发生传染后，保护健康兔，挽救病兔和净化兔场的工作应同时全面展开，刻不容缓。治疗病兔的目的在于通过消除传染源，净化环境，减少兔场损失，同时为今后工作积累经验。及时安全处理病兔和死兔，有价值的种兔积极治疗，没有治疗价值的应及时淘汰，深埋或烧毁等无害化处理，不得食用和作商品兔出售。

　　八是疾病彻底扑灭后进行终末消毒，解除隔离区或限制措施。除常规措施外，依照传染病的特点，采取专门措施。